莒县农业气象服务手册

莒县气象局　编著

U0247887

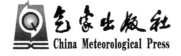

气象出版社
China Meteorological Press

内容简介

　　本书详细介绍了莒县农业发展基本情况,从农业气象观测、预报、服务三个方面详细介绍了莒县农业气象发展现状;并对莒县农业气候区划、气象灾害风险区划成果进行了详细介绍。

图书在版编目(CIP)数据

　　莒县农业气象服务手册 / 莒县气象局编著. — 北京:
气象出版社,2020.11
　　ISBN 978-7-5029-7344-5

　　Ⅰ.①莒… Ⅱ.①莒… Ⅲ.①农业气象-气象服务-
莒县-手册 Ⅳ.①S165-62

　　中国版本图书馆 CIP 数据核字(2020)第 243826 号

莒县农业气象服务手册
Juxian Nongye Qixiang Fuwu Shouce

出版发行:气象出版社			
地　　址:北京市海淀区中关村南大街 46 号		**邮政编码**:100081	
电　　话:010-68407112(总编室) 010-68408042(发行部)			
网　　址:http://www.qxcbs.com		**E-mail**: qxcbs@cma.gov.cn	
责任编辑:张锐锐　吕厚荃		**终　　审**:吴晓鹏	
责任校对:张硕杰		**责任技编**:赵相宁	
封面设计:地大彩印设计中心			
印　　刷:北京中石油彩色印刷有限责任公司			
开　　本:710 mm×1000 mm　1/16		**印　　张**:10	
字　　数:201 千字			
版　　次:2020 年 11 月第 1 版		**印　　次**:2020 年 11 月第 1 次印刷	
定　　价:39.00 元			

编委会

主　　任：姚文军

编　　委：（按姓氏笔画排序）

王建花　孙相海　孙　健　何　胜

宋树礼　林建民　韩　通　潘艳秋

编写组

主　　编：宋树礼

副 主 编：吴立滨

参编人员：欧焕瑞　丁　明　李勋会　王凤梅

许经华　徐厚年

前　言

莒县是传统的农业大县,地处中纬度地区,属暖温带大陆性季风气候,气温适中,光照充足,气候资源丰富。粮食作物主要有小麦、玉米、水稻、谷子、高粱、薯类(红薯、芋头、土豆)、大豆等。经济作物主要有花生、瓜菜、果品、烤烟、桑、中药材、茶叶、花卉、苗木、棉花、食用菌等。目前,已形成了瓜菜、果品、中药材、烤烟、桑蚕、茶叶六大主导产业。农产品质量安全水平全面提升,现有省级农业标准化基地 20 个,市级优质农产品标准化生产基地 6 个,"三品一标"农产品达到 126 个,国家地理标志商标 13 个。

在"三农服务专项"的支持下,作者通过调查走访,广泛收集气象与农业、林业、水利等有关科研资料,结合气象数据进行综合分析,编写了《莒县农业气象服务手册》一书,为农业气象服务提供参考。

本书在山东省气象局、日照市气象局和莒县县委、县政府支持下完成,姚文军、宋树礼、吴立滨同志主持编写,宋树礼、吴立滨、欧焕瑞、丁明、李勋会、许经华、王凤梅等同志分工协作完成,宋树礼同志负责统稿。在此对所有关心支持本书编写的领导、专家和同仁一并致以衷心的感谢!

由于编者水平有限,书中不足之处,恳请广大专家和读者批评指正。

编者

2019 年 12 月

目　录

第1章 莒县农业生产概况

莒县地处鲁东南,隶属于沿海开放城市——新亚欧大陆桥东方桥头堡——日照市,面积 1817.4 km²,辖 20 处乡镇(街道)和 1 处省级经济开发区,170 个社区、1195个自然村,人口 108.3 万人。

莒县属于暖温带亚湿润季风气候,四季分明,寒暑适中,物产丰饶。常年平均气温 12.6℃,降水量 739.6 mm 左右,日照时数 2227.7 h。水资源丰富,沭河纵贯南北,上游有青峰岭、仕阳、峤山三大水库,兴利库容 4.9 亿 m³。莒县是传统的农业大县,粮食作物主要有小麦、玉米、水稻、谷子、高粱、薯类(红薯、芋头、土豆)、大豆等;经济作物主要有花生、瓜菜、果品、烤烟、蚕桑、中药材、茶叶、花卉、苗木、棉花、食用菌等。粮食作物播种面积常年保持在 100 万亩①左右,经济作物(含花生)90 万亩左右。

莒县是全国重要的粮油、瓜菜生产基地,全国最大的黄芩生产基地。莒县是全国粮食生产先进县、全国蔬菜产业重点县、国家级现代农业示范区、国家级农产品主产县、全省粮食生产先进县、全省农业产业化先进县。浮来青绿茶被誉为"江北第一茶",浮来青茶园是南茶北移的重要基地。

莒县现有耕地面积 98.3 万亩(卫星图片分析数据约 146 万亩),主要粮食作物有小麦、玉米、水稻、薯类(红薯、芋头、土豆)、豆类等,油料作物以花生为主。小麦:常年种植面积 40 万亩左右,单产在 400 kg 上下;各乡镇(街道)均有种植。玉米:40 万亩左右,单产 450 kg;各乡镇(街道)均有种植。水稻:1.5 万亩左右,单产 550 kg 左右;主要分布在阎庄镇、招贤镇、城阳街道、浮来山街道、刘官庄镇等平原乡镇及县经济开发区。薯类:6.5 万亩左右。其中,红薯约 4 万亩,单产 600 kg(折干)左右,主要分布在安庄镇、小店镇、碁山镇、桑园镇、库山乡等山区乡镇;芋头:1.5 万亩左右,单产3500 kg 左右,主要分布在峤山、桑园等乡镇;土豆:0.5 万亩左右,单产 2500 kg 左右,为零星种植。豆类:1.5 万亩左右,单产 200 kg 上下;主要分布在夏庄镇、小店镇、招贤镇、刘官庄镇、陵阳街道等乡镇。油料(花生):约 30 万亩,单产 270 kg 左右;各乡镇(街道)均有种植。其他粮食作物(谷子、高粱等)0.8 万亩左右,主要分布在峤

① 1亩≈666.67 m²,下同

山镇、龙山镇、东莞镇、桑园镇等山区乡镇。

　　莒县特色优势农产品主要有瓜菜、果品、中药材、烤烟、桑蚕、茶叶为主的六大主导产业。瓜菜类,生姜:常年种植面积 4.5 万亩左右,主要分布在峤山镇、桑园镇、店子集街道、龙山镇等丘陵乡镇,年均亩产达 3500 kg。芦笋:1.6 万亩左右,主要分布在小店镇、洛河镇等乡镇,年均亩产达 450 kg。大蒜:3.0 万亩左右,主要分布在城阳街道、刘官庄镇等平原乡镇。西瓜:3 万亩左右,主要分布在洛河镇、果庄镇、陵阳街道、刘官庄镇等乡镇,年均亩产达 4000 kg。西红柿:2.5 万亩左右,主要分布在陵阳街道、浮来山街道、招贤镇和夏庄镇等乡镇,以秋冬季生产为主,亩产量 5000～6000 kg。其中,樱桃西红柿种植面积 0.2 万亩,主要品种有圣女果、天禧果等,主要分布在招贤镇。西葫芦:2 万亩左右,主要分布在陵阳街道、店子集街道等乡镇,一年四季皆有种植,亩产量 5000 kg 左右。芸豆:1.5 万亩左右,主要分布在阎庄镇、陵阳街道、浮来山街道和果庄镇等乡镇,以早春大棚生产为主,一般亩产 2000～3000 kg。其他瓜菜(白菜、黄瓜、芹菜、萝卜等):7 万亩,各乡镇街道均有种植。果品类:设施油桃种植面积 1.8 万亩左右,主要分布在小店镇、果庄镇、夏庄镇等乡镇。苹果:3 万亩左右,主要品种有红富士、乔纳金、粉红佳人等,主要分布在小店镇、招贤镇、峤山镇、安庄镇、浮来山街道等乡镇。草莓:全县以设施种植为主,主要品种有拉松 6 号、甜宝等,种植面积 1.5 万亩,主要分布在小店镇、夏庄镇、浮来山街道、龙山镇等乡镇。桃:3 万亩左右,主要分布在龙山镇、安庄镇、碁山镇、桑园镇、峤山镇、洛河镇等乡镇。其中黄桃属生食加工两用桃,种植面积 0.6 万亩,主要分布在安庄镇、碁山镇、峤山镇、库山乡。葡萄:0.3 万亩,主要分布在安庄镇、城阳街道等乡镇。中药材以丹参、黄芩为主,种植面积 6 万亩左右,主要分布在库山乡、棋山镇、东莞镇等乡镇。烤烟常年种植面积 3 万亩左右,主要分布在库山乡、碁山镇等北部山丘乡镇。蚕桑:3 万亩左右,主要分布在碁山镇、招贤镇、东莞镇、库山乡等乡镇。茶叶:1.6 万亩左右,主要分布在夏庄镇、寨里河镇、小店镇、碁山镇、安庄镇等乡镇。

第 2 章　莒县农业气象观测

2.1　农业气象观测历史沿革

　　莒县气象局于 1955 年 6 月 26 日开始作物物候观测,1955 年 9 月开始开展土壤水分的测定,1966 年 10 月—1980 年 10 月开展作物观测、土壤湿度测定,1989 年转为国家农业气象基本站,承担国家一级农业气象站相关业务;1990 年 1 月 1 日开始物候观测;1993 年开始花生观测;2005 年 9 月,莒县安装了土壤水分自动观测仪;2008 年 1 月 1 日起,取消春田的人工土壤水分观测。

　　现承担的观测任务有:小麦、玉米、物候、土壤水分的观测以及报表制作;土壤水分数据采集系统的数据上传及维护。

2.2　农作物发育期观测

　　作物发育期的观测,是根据作物外部形态变化,记载作物从播种到成熟的整个生育过程中典型发育特征出现的日期。以了解发育速度和进程,分析各时期与气象条件的关系,鉴定农作物生长发育的农业气象条件,表 2-1 为莒县地区主要农作物及品种概况。

表 2-1　莒县主要作物品种类型、熟性和栽培方式

作物名称	品种类型	熟性	大田栽培方式
水稻	常规稻、杂交稻	早熟、中熟、晚熟	直播、移栽
小麦	冬小麦		条播、撒播;平作、套作
玉米	常规玉米、杂交玉米,马齿型、半马齿型、硬粒型、甜质型、爆裂型	早熟、中熟、晚熟	平作、间作、套作;直播、移栽、穴播、地膜覆盖
大豆	蔓生型、半直立型、直立型	早熟、中熟、晚熟	平作、套作、间作;穴播、条播

2.2.1　观测次数和时间

　　(1)发育期一般两天观测一次,隔日或双日进行,但每旬末进行巡视观测。

（2）禾本科作物抽穗、开花期每日观测。

（3）如果规定观测的相邻两个发育期间隔时间很长,在不漏测发育期的前提下,可逢5和旬末巡视观测,临近发育期即恢复隔日观测。具体时段由台站根据历史资料和当年作物生长情况确定。

（4）冬小麦冬季停止生长的地区,越冬开始期后到春季日平均气温达到0℃之前这段时间,每月末巡视一次,以后恢复隔日观测。

（5）观测时间一般定为下午,有的作物开花时间在上午,此时则应在上午观测。

2.2.2　观测地点的选定

（1）测点位置:在观测地段4个区内,各选有代表性的一个点,作上标记,并按区顺序编号,发育期观测在此进行。测点之间应保持一定距离。为增强代表性,各区测点位置交错排列,使之纵横都不在同一个行上,测点距田地边缘的最近距离不能小于2 m,面积大的地段应更远些,以避免边际影响。切勿将测点选在田头、道路旁和入水口、排水口处。

（2）选定时间:一般在作物出苗后,下一发育期出现前进行;育苗移栽的作物可在大田植株成活（返青）期进行。

2.2.3　冬小麦发育期标准及观测注意事项

出苗期:从芽鞘中露出第一片绿色的小叶,长约2.0 cm,条播竖看显行。

三叶期:从第二叶叶鞘中露出第三叶,叶长为第二片叶的一半。

分蘖期:叶鞘中露出第一分蘖的叶尖约0.5～1.0 cm。

越冬开始期:植株基本停止生长,分蘖不再增加或增长缓慢（可以第一次5日平均气温降到0℃的最后一日为准）。有些地区冬季气温经常在0℃左右波动,遇此情况应根据植株高度变化情况而定。

返青期:冬小麦恢复生长,心叶长出1.0～2.0 cm。

起身期:冬小麦麦苗由匍匐转向直立,穗分化进入二棱期。

冬小麦冬季不停止生长的地区不观测越冬开始期、返青期和起身期。

拔节期:茎基部节间伸长,露出地面约1.5～2.0 cm时为拔节。穗分化进入小花分化期。冬前一般不拔节的地区,如出现拔节现象,应详细在备注栏内记明拔节开始日期和拔节百分率。

孕穗期:旗叶全部抽出叶鞘。

抽穗期:从旗叶叶鞘中露出穗的顶端,有的穗于叶鞘侧弯曲露出。

开花期:在穗子中部（莜麦、燕麦顶部）小穗花朵颖壳张开,露出花药,散出花粉。遇阴雨天气外颖不张开,需小心地剥开颖壳进行观测。

乳熟期:穗子中部（莜麦、燕麦顶部）籽粒达到正常大小,呈黄绿色。内含物充满乳状浆液。

成熟期:80%以上籽粒变黄,颖壳和茎秆变黄,仅上部第一、第二节仍呈微绿色。

2.2.4 玉米发育期标准及观测注意事项

出苗期:从芽鞘中露出第一片叶,长约 3.0 cm。

三叶期:从第二叶叶鞘中露出第三叶,长约 2.0 cm。

七叶期:从第六叶叶鞘中露出第七叶,长约 2.0 cm。

为了避免培土时将基部叶子埋入土中,可在三叶期作一标记。

拔节期:玉米基部节间由扁平变圆,近地面用手可摸到圆而硬的茎节,节间长度约为 3.0 cm。此时雄穗开始分化。

抽雄期:雄穗的顶部小穗,从叶鞘中露出。

开花期:雄穗中上部花药露出,散出花粉。

吐丝期:植株雌穗苞叶中露出花丝。

乳熟期:雌穗的花丝变成暗棕色或褐色,外层苞叶颜色变浅仍呈绿色,籽粒形状已达到正常大小,果穗中下部的籽粒充满较浓的白色乳汁。

成熟期:80%以上植株外层苞叶变黄,花丝干枯,子粒硬化,呈现该品种固有的颜色。不易被指甲切开。

在观测乳熟、成熟两发育期时,若识别有困难,可在观测点外取样剥开几穗,在穗中下部苞叶外用刀片切"V"字口,每次打开进行观测,然后盖好。以确定外部特征,与观测植株作比较。

2.2.5 谷子发育期标准

出苗期:从芽鞘中露出第一片叶,尖端开始展开。

三叶期:第二片叶叶鞘中露出第三片小叶,尖端开始展开。

分蘖期:叶鞘中露出第一个分蘖的叶尖,长约 0.5~1.0 cm。不分蘖品种可不观测。

拔节期:近地面节间开始伸长,可摸到约 2.0 cm 长的节间。

抽穗期:从上部叶鞘中露出穗的顶部。

乳熟期:穗的中上部籽粒达到正常大小,颜色由深绿变成浅绿,充满乳状内含物。

成熟期:80%以上的籽粒呈现该品种固有色泽,并且变硬。

2.3 土壤水分观测

2.3.1 测定土壤水分的意义

土壤水分状况是指水分在土壤中的移动、各层中数量的变化以及土壤和其他自然体(大气、生物、岩石等)间的水分交换现象的总称。土壤水分是土壤成分之一,对土壤中气体的含量及运动、固体结构和物理性质有一定的影响;制约着土壤中养分的溶解、转移和吸收及土壤微生物的活动,对土壤生产力有着多方面的重大影响。土壤水分又是水分平衡组成项目,是植物耗水的主要直接来源,对植物的生理活动有重大影响。经常进行土壤水分状况的测定,掌握土壤水分变化规律,对农业生产实时服务和理论研究都具有重要意义。

莒县根据农业生产服务需要安装的自动土壤水分观测仪,是利用频域反射法原理来测定土壤体积含水量的自动化测量仪器,从传感器安装方法上区分为插管和探针两种。自动土壤水分观测仪可以方便、快速地在同一地点进行不同层次土壤水分观测,获取具有代表性、准确性和可比较性的土壤水分连续观测资料,可减轻人工观测劳动量、提高观测数据的时空密度,为干旱监测、农业气象预报和服务提供高质量的土壤水分监测资料。

2.3.2　观测地段

莒县土壤湿度测定地段划分为三类。

(1)作物观测地段:为研究作物需水量、监测土壤水分变化对作物生长发育及产量形成的影响,在当地主要旱地作物、牧草和果树等生育期观测地段上所设置的土壤湿度观测地段。仪器安装场地与所在作物地段做相同的田间管理。

(2)固定观测地段:为研究土壤水分平衡及其时空变化规律,所设置的长期固定的、反映当地自然下垫面、无灌溉状态下的土壤湿度观测地段。地段对所在地区的自然土壤水分状况应具有代表性。

(3)辅助观测地段:为满足墒情服务的需要进行临时性或季节性墒情观测,所设置的地段能代表当地的土壤类型和土壤水分状况。为便于历年土壤水分状况比较,观测地段也应相对固定,采用便携式土壤水分仪进行观测。

2.3.3　仪器布设

土壤水分观测场地内仪器要求如下:

(1)数据采集箱安置在北边,土壤水分传感器安置在南边;土壤水分传感器埋设位置距离数据采集箱不小于1 m。

(2)根据需要确定传感器安装深度和层次。一般为:0~10 cm、10~20 cm、20~30 cm、30~40 cm、40~50 cm、50~60 cm、70~80 cm、90~100 cm,可根据观测需求进行调整。地下水位深度小于1 m的地区,测到土壤饱和持水状态为止;因土层较薄,测定深度无法达到规定要求的地区,测至土壤母质层为止。

(3)仪器距观测场边缘护栏不小于1 m。

2.3.4 观测仪器

利用频域反射法（Frequency Domain Reflection，FDR）原理来测定土壤体积含水量的自动土壤水分观测仪，从传感器安装方法上区分为插管和探针两种。

自动土壤水分观测仪是基于现代测量技术构建，由硬件和软件组成。其硬件可分成传感器、采集器和外围设备三部分，其软件可分成采集软件和业务软件二种。

该结构的特点是既可以与微机终端连接组成土壤水分测量系统，也可以作为土壤水分分采集系统挂接在其他采集系统上。设备组成见图 2-1。

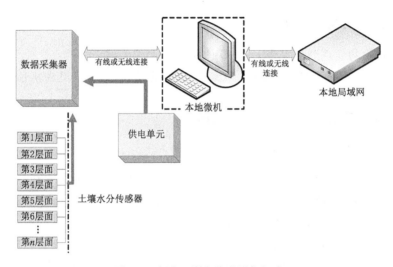

图 2-1 自动土壤水分观测仪组成

2.3.5 工作原理

自动土壤水分传感器利用频域反射法原理（FDR）来测定土壤体积含水量，它由传感器发出 100 MHz 高频信号，传感器电容（压）量与被测层次土壤的介电常数成函数关系。由于水的介电常数比一般介质的介电常数要大得多，所以当土壤中的水分变化时，其介电常数相应变化，测量时传感器给出的电容（压）值也随之变化，这种变化量被 CPU 实时控制的数据采集器所采集，经过线性化和定量化处理，得出土壤水分观测值，并按一定的格式存储在采集器中。

2.4 自然物候观测

物候指自然环境中植物、动物生命活动的季节现象和在一年中特定时间出现的某些气象、水文现象。它包括植物的发芽、展叶、开花、果实成熟、叶变色、落叶等；候鸟、昆虫以及其他动物初见、初鸣、绝见、终鸣等;霜、雪、闪电、雷声、结冰等气象、水文现象。为区别于作物与人工饲养动物的物候,对非人工影响或很少受人工影响在自然条件下的植物和动物的物候及气象、水文现象统称自然物候。对物候现象按统一的规则进行观察和记载,就是物候观测。物候现象是生物节律与环境条件的综合反映。从气象条件来说它不仅反映了当时的天气条件,而且反映了过去一段时间气象条件影响的积累情况。物候观测资料可以预告农事活动,对作物引种、布局,园林建设,农业气象预报、情报,农业气候专题分析以及区域气候和古气候的研究,编制自然历等方面有广泛的应用价值。

2.4.1　植物物候观测点的选择

莒县植物物候观测点符合下列两项原则:

(1)观测点充分考虑了莒县地形、土壤、植被的代表性,不宜选在房前屋后,避免小气候的影响。

(2)观测点稳定,宜进行多年连续观测。

2.4.2　物候观测对象选定

(1)物候观测对象应以当地常见,分布较广,指示性强,对季节变化反映明显,与农业生产关系密切,群众常用的为主,且露地栽植或野生,盆栽或温室栽培者均不入选。植物选定后做好标志(挂牌或点漆)。

(2)物候观测对象分共同观测植物和地方观测植物。共同观测植物应作为观测对象,如当地共同观测植物较多,要通盘考虑,最好各个季节都能有开花的植物,也可在同科属中选定一种物候期明显或物候期最早的作为观测对象。动物和气象、水文现象,如人力不足也可不观测。共同观测植物种类由省级气象局业务部门调查确定。为当地服务需要,如编制自然历和农业气象预报而确定的观测对象和观测项目,可不受本规定的限制。

(3)选作观测对象的木本植物应是发育正常,达到开花结实3年以上的中龄树。在同一观测点上每种宜选3~5株,如因条件所限也可选择1株。草本植物应在多数植株中选定若干株作为观测对象,并做出标记。鸟类和昆虫活动范围较大,不便于固定地点观测,凡在台站附近看见观测动物或听到其叫声,均按规定记载。

2.4.3　物候观测时间

物候观测常年进行,以不漏测物候期为原则,观测时间根据季节和观测对象灵活掌握。春季和秋季物候现象变化较快时,隔日进行,动物的物候现象则随时注意观测。

植物物候观测时间选择在下午。因为上午未出现的现象,当条件具备后往往在下午出现。但有些植物的开花在早晨和上午,下午就隐而不见,因此须在上午观测。

鸟与昆虫惯于早晨或晚间啼叫,宜在早晨或晚间注意听其鸣声。

气象、水文现象应随时注意观察记载。冻结观测宜于早晨或上午进行,解冻观测宜于中午进行。

2.5　农业小气候观测

农业小气候观测的主要任务是根据农业科研或生产所提出的要求,对农业小气候环境中的各小气候要素进行观测。这些观测的数据,在一定程度上反映出环境变化的真实情况,供给各类问题的分析使用。

农业小气候观测是与一定观测目的密切联系的,与之相配合的还有农业生物观测、农业技术措施观测以及与农业小气候环境控制技术观测。

莒县农业小气候观测站包括农田小气候观测和温室小气候观测。

2.5.1　农田小气候观测

农田小气候观测包括没有作物覆盖的休闲地和有作物的农田。此外,又有水田与旱田之分,旱田中又有灌溉地与非灌溉地之别。灌溉地又有畦灌、沟灌、喷灌与滴灌的区别。按作物的种类可分高秆与低秆作物及按种植方式有密植、稀植、间套作之分。通常又按作物种类划分为麦田小气候、稻田小气候、玉米地小气候等。小麦是莒县主要农作物,农田小气候站选择在莒县阎庄镇小麦大田中。

2.5.2　温室小气候观测

温室小气候观测主要是指冷季使用的植物种植室。包括大棚塑料温室、各种类型(单斜面、双屋面、连栋式等)的玻璃温室。此外,还有加温温室与不加温温室之分。由于用途上的区别,还有开间较小的实验温室与通间的栽培温室之分。由于温室内的作物对小气候形成也有重要影响,还有番茄温室、黄瓜温室、叶菜温室、花卉温室之分。

农业小气候仪器,主要包括五种类型:即测量辐射和光的仪器、测温仪器、测湿仪器、气体分析仪器以及风速测定仪器。

现代化的农业小气候观测,使用小气候自动综合观测仪器实行多要素综合、自动观测,并对所取得的大量数据进行自动处理。莒县温室小气候观测站点选择在城阳街道设施农业基地,常年开展茄子、西红柿、黄瓜等蔬菜观测。

第3章　农业气象预报

　　农业气象预报是根据前期的气象、生物、农业、水文等因子状况,结合农业生产需要和农业气象指标及未来天气、气候变化趋势,对农作物、果树、牧草、牲畜、病虫等未来的生长发育状况、产量和质量、主要农事活动以及重要的农业气象条件做出科学的预测,并提出相应的措施建议,是关于未来农业气象条件及其对农业生物和农业生产活动影响的农业气象服务产品。

　　主要开展的农业气象预报包括农作物产量气象预报、农业气象灾害预报、农作物发育期预报及农业病虫害发生发展气象等级预报。

3.1　农业气象预报原理

3.1.1　农业气象要素对农业生产影响持续性

　　农业气象要素对作物的影响无时不在,过去天气不仅影响到作物的前期,还在一定程度上决定着作物后期的生长发育状况,前期气象条件及作物状况是未来作物生长发育状况及产量、品质形成等的基础。农业气象要素对农业生产影响的持续性包含两个方面:一是有些农业气象要素可以存储,然后逐渐供应,如降水或人工灌溉形成的农田水分;二是过去一个时期的农业气象条件对作物生长发育影响的结果会对农作物未来的生长发育产生后续影响,如前期高温、积温多造成的发育期提前,一般也使得后面的发育期相应提前。

3.1.2　预报对象对气象因子反应滞后性

　　预报对象对气象因子反应的滞后性是指前期气象条件对农作物生长发育的影响没有出现同步反应,特别是在有些农业气象灾害出现以后,农作物并没有在同一时间表现出受害的症状。例如发生"哑巴灾"时,受影响的农作物当时并没有出现异常,而是要过一段时间后才表现出受害的症状。

3.1.3　农业气象条件相关性

农业气象条件的相关性包含两个方面:一是未来农业气象条件与前期农业气象条件存在有机联系,因此未来农业气象条件可以根据前期农业气象条件、未来天气状况来预测;二是不同的农业气象条件之间有一定的联系,如春季日平均气温稳定通过 10 ℃日期的早晚与生长季≥10 ℃积温之间存在极显著的线性相关,并据此可以建立回归方程用于预报生长季≥10 ℃积温。

3.1.4　气象要素相似性

在一个相对有限的区域内的不同地点具有一定的相似,它们对作物生长发育和产量形成影响的程度和趋势能基本保持一致。如在水稻生长季内出现气温偏高的情况,而其影响的不仅仅只是一个地点,在邻近的较大区域内都会受到气温偏高的影响。基于这一原理,实际预报业务中采用以点代面的方法来预测、估算这一区域的农业气象要素。

3.1.5　气象因子对预报对象的不等同性

气象因子对预报对象的不等同性包括两个方面:一是各种农业气象条件对农业生产的作用不同,不同气象因子对预报对象的作用有轻重、主次之分。如干旱地区或干旱季节,水分条件是影响农业生产的主要条件,在降水丰富或灌溉条件好的地区,气温往往是主要影响因子;二是同一个气象因子在作物生长发育的不同阶段的作用不同。如棉花各生育时期所需的最低气温条件是:种子发芽为 10.5~12 ℃、出苗为 16~17 ℃、开始现蕾为 19~20 ℃。因此,在编制农业气象预报时,应考虑气象因子对不同地区、不同农业生产条件、不同作物以及作物不同生长发育期的影响,重点考虑关键时期的关键气象因子对作物生长发育和产量形成的影响。

3.2　农作物产量气象预报

农业气象产量预报是根据农业生产对象产量形成与农业气象条件之间的定量关系做出的农业生产对象的产量预报,在农业气象预报和农业产量预报中占有重要的地位。

农业气象产量预报包括作物产量预报以及农业年景预报等。如小麦千粒重预报,水稻单产、总产以及其他各种作物的产量预报、农业气象年景预报等。编制产量预报的重点在于分析前期气象条件与产量形成的关系及未来可能出现的气象条件对产量的影响。

农作物产量的高低是由作物的品种特性、耕作制度、土壤肥力、管理措施和气象

条件等因素共同决定的,一般可用式(3-1)表示:

$$Y = Y_t + Y_\omega + \delta \tag{3-1}$$

式中:Y 为作物平均单产;Y_t 为由农业生产力水平(品种特性、耕作制度、土壤肥力、管理措施等因素)决定的趋势产量或社会产量,通常用时间序列分析方法等数学方法对趋势进行拟合;Y_ω 为由气象条件决定的气象产量,通常是根据其与气象因子的关系,建立数学模型求得;δ 为地面气象要素、大气环流特征量、海平面温度等相关因子,通常忽略不计,但在具体业务服务时,可通过经验估算得出。

3.3 农业气象灾害预报

农业气象灾害泛指农业生产过程中出现的不利于农业生产的所有气象灾害,即包括干旱、连阴雨等农业气象范畴的农业气象灾害。农业气象灾害的种类较多,概括起来大致有四大类:其一,由温度异常引起的有热害、冻害、霜冻、冷害、寒害、寒露风等;其二,由水分异常引起的有旱灾、洪涝灾害、雪害和雹害;其三,由风引起的有风害等;其四,由气象因子综合作用引起的有干热风和连阴雨等。

莒县地区地形复杂,四周环山,中间有河谷、丘陵、平原,其地理特征是影响当地气候状态、决定莒县气候的重要因素。气候变化和特殊的地理环境,导致了莒县干旱、洪涝、冰雹、大风、低温、霜冻、连阴雨等农业气象灾害的频繁发生,严重影响了莒县经济发展。

3.3.1 农业干旱

农业干旱受各种自然的或人为因素的影响,气象条件、水文条件、农作物布局、作物品种及生长状况、耕作制度及耕作水平都可对农业干旱的发生与发展起到重要的影响作用。目前常用的农业干旱指标是土壤湿度指标。土壤水分是表征土壤干旱的重要指标,能直接反映作物可利用水分的减少状况。由于不同的土壤持水力不同,采用土壤相对湿度可部分消除土壤特性造成的差异,其计算方法见式(3-2),分级指标见表 3-1。

表 3-1 土壤相对湿度的农业干旱等级划分表

等级	类型	土壤相对湿度 $R/\%$		
		沙土	壤土	黏土
0	无旱	$R \geqslant 55$	$R \geqslant 60$	$R \geqslant 65$
1	轻旱	$45 \leqslant R < 55$	$50 \leqslant R < 60$	$55 \leqslant R < 65$
2	中旱	$35 \leqslant R < 45$	$40 \leqslant R < 50$	$45 \leqslant R < 55$
3	重旱	$25 \leqslant R < 35$	$30 \leqslant R < 40$	$35 \leqslant R < 45$
4	特旱	$R \leqslant 25$	$R \leqslant 30$	$R \leqslant 35$

$$R = \left(\sum_{i=1}^{n} \frac{\omega_i}{f_{\dot{a}}} \times 100\%\right)/n \tag{3-2}$$

式中：R 为土层平均土壤相对湿度(%)，ω_i 为第 i 层土壤含水量(%)，$f_{\dot{a}}$ 为第 i 层土壤田间持水量(%)；n 为作物发育阶段对应土层厚度内相同厚度的各观测层次土壤含水量测值的个数。

3.3.2 干热风

干热风是一种高温低湿与一定风力组合而成的综合农业气象灾害，多发生于小麦的生育后期，常对小麦灌浆造成影响。它危害面积较大，发生频率也较高，减产显著。莒县小麦干热风主要分为以下两种类型：

高温低湿型：在小麦扬花灌浆过程中都可能发生，一般发生在小麦开花后 20 d 左右至蜡熟期。干热风发生时温度突升，空气湿度骤降，并伴有较大的风速。发生时最高气温可达 32 ℃以上，甚至可达 37~38 ℃，14 时相对湿度可降至 25%~35% 或其以下，14 时风速在 3~4 m/s 或其以上。小麦受害症状为干尖炸芒，呈灰白色或青灰色。造成小麦大面积干枯逼熟死亡，产量显著下降。

雨后青枯型：又称雨后热枯型或雨后枯熟型。一般发生在小麦乳熟后期，即成熟前 10 d 左右。其主要特征是雨后猛晴，温度骤升，湿度剧降。一般雨后日最高气温升至 27~29 ℃或其以上，14 时相对湿度在 40% 左右，即能引起小麦青枯早熟。雨后气温回升越快，温度越高，青枯发生越早，危害越重。

3.3.3 干热风指标

干热风的监测指标因其发生的类型不同而存在差异，中华人民共和国气象行业标准 QX/T 82—2019《小麦干热风灾害等级》对小麦干热风等级、过程及年型的评价指标进行了分类。莒县地区干热风指标如表 3-2、表 3-3、表 3-4 所示。

表 3-2 高温低湿型干热风等级指标

20 cm 土壤相对湿度/%	轻			中			重		
	日最高气温/℃	14 时空气相对湿度/%	14 时风速/(m/s)	日最高气温/℃	14 时空气相对湿度/%	14 时风速/(m/s)	日最高气温/℃	14 时空气相对湿度/%	14 时风速/(m/s)
<60	≥32	≤30	≥3	≥32	≤25	≥3	≥35	≤25	≥3
≥60	≥33	≤30	≥3	≥35	≤25	≥3	≥36	≤25	≥3

首先判定 20 cm 土壤湿度，其次应同时满足日最高气温、14 时空气相对湿度、14 时风速三个条件。

20 cm 土壤相对湿度，首选当日 14 时，次选 08 时，再次选其他时次。

表 3-3　雨后青枯型干热风等级指标

时段	天气背景	日最高气温/ ℃	14 时相对湿度/ %	14 时风速/ (m/s)
灌浆后期,成熟前 10 d 内	有 1 次小到中雨或中雨以上 降水过程,雨后猛晴,温度 骤升	≥30	≤40	≥3

雨后 3 d 内有 1 d 同时满足日最高气温、14 时空气相对湿度、14 时风速三个条件

表 3-4　干热风天气过程等级指标

等级	指标
重	连续出现≥2 d 重干热风日; 在 1 次干热风天气过程中出现 2 d 不连续重干热风日,或 1 个重日加 2 个以上轻日
轻	除重干热风天气过程所包括的轻干热风日外,连续出现≥2 d 轻干热风日; 连续 2 d 1 轻 1 重干热风日,或出现 1 d 重干热风日

3.3.4　低温冷害

低温冷害是指农作物生育期间,某一时期或整个生育期间的气温明显低于作物生长发育的要求,引起农作物生育期延迟或生殖器官的生理机能受到损害,从而造成农业减产的一种农业气象灾害。在莒县主要表现为倒春寒。

3.3.4.1　致灾机理

低温冷害的致灾机理大致分为以下几方面。

(1)生理过程受阻

低温导致叶绿体中蛋白质变性,生物酶的活性降低甚至停止,使根部吸收水分减少而导致气孔关闭,吸氧量不足,抑制光合作用效率。同时,这种现象在植物体内发生则可导致机体的代谢紊乱,最终影响作物的正常生长发育并造成伤害。

(2)呼吸强度降低

作物生育过程中温度从适宜温度下降 10 ℃,其呼吸作用效率明显降低。低温还使根呼吸作用减弱,导致植株营养物质的吸收率减弱,养分平衡受到破坏。低温影响光合产物和营养元素向生长器官的输送,生长器官因养分不足和呼吸作用减弱而变得弱小、退化、死亡。

(3)作物生理失调

作物根部在低温条件下对矿物元素的吸收减少,某些不利于生长的元素在根中的含量不正常地增加,地上部分的含量不正常地减少;低温使碳水化合物从叶片向生长着的器官或根部运转降低,使这些部位的碳水化合物含量降低,造成叶片光合产物

的分配失调。

（4）生长受阻

温度越低，持续的时间越长，光合作用速率下降得越明显。此外，由于光合作用的下降导致作物的生长量明显不足，使叶面积明显减小，株高、叶龄、干物重等生长指标降低，并最终使产量下降。

3.3.4.2　倒春寒指标

每年的 3 月下旬至 4 月底，凡出现日平均气温＜10 ℃，并持续 3 d 以上的时段（其中第 4 天开始，允许有间隔 1 d 的日平均气温＜10.5 ℃），定义为倒春寒天气过程。持续时间为 3～4 d 称为轻度倒春寒；持续时间为 5～6 d 称为中度倒春寒；持续时间为 7～9 d 称为重度倒春寒；持续时间大于 10 d 为特重度倒春寒。

3.3.5　霜冻

霜冻是指农作物生长季内冷空气入侵，使土壤表面、植物表面及近地面空气层的温度骤降到 0 ℃以下，引起农作物植株（茎叶）遭受冻伤或死亡的现象。常发生在春、秋季节转换阶段，对粮食作物、经济作物、果树、蔬菜等多种作物造成危害。

莒县主要霜冻类型为辐射型霜冻，是由于夜间地面或植物辐射冷却而引起的，发生范围相对小。

3.3.6　连阴雨

连阴雨是指在作物生长季中出现的连续阴雨的天气过程，是由降水、日照、气温等多种气象要素异常引起的，其显著特点是多雨、寡照，并常与低温相伴。连阴雨期间可有短暂的晴天，降水强度是小雨、中雨、大雨、暴雨不等。长时间的阴雨寡照对玉米、水稻的成熟、收晒产生不良影响。一般来说，连阴雨过程越长，对农作物的危害越大。

烂场雨通常指小麦成熟收获时的连阴雨。形成的原因是大气环流形势转换，雨季到来，北方冷空气补充南下，与南方暖湿气流交汇，双方势均力敌，形成覆盖宽广、移动缓慢的云雨带，出现大范围的连阴雨或大暴雨天气，由于正值小麦成熟收获时期，往往造成很大损失，轻者减产 1～2 成，重则减产 3～5 成。

根据作物在不同发育阶段受连阴雨影响的症状，划分了连阴雨害灾害等级。轻度连阴雨害，影响晾晒，田间有积水，少量烂秧；中度连阴雨害，收割、播种困难，大量烂秧；重度连阴雨害，种子发芽，果实腐烂，不能播种出苗，烂秧严重。

3.3.7　冰雹

冰雹灾害是强对流天气的产物，是春、夏季节对农业生产危害较大的灾害性天气。冰雹的危害主要表现在冰雹从高空急速落下，发展和移动速度较快，冲击力大，加上猛烈的暴风雨,使其摧毁力加强,经常使人猝不及防,直接威胁农村人畜生命安全,毁坏居民房屋。直径较大的冰雹会给处于不同生长发育阶段的果树、作物、蔬菜等造成毁灭性的破坏,造成粮田颗粒无收,影响城市的食物供应。

冰雹的形成需要以下条件:(1)大气中必须有相当厚的不稳定层存在;(2)积云必须发展到能使个别大水滴冻结的高度(一般认为温度达$-16\sim-12$ ℃);(3)要有强的风切变;(4)云的垂直厚度不能小于$6\sim8$ km;(5)积雨云内含水量丰富,在最大上升速度的上方有一个液态过冷却水的累积带;(6)云内应有倾斜的、强烈而不均匀的上升气流,上升气流的速度一般在$10\sim20$ m/s。

冰雹灾害的强度与雹块大小、雹粒的多少、降雹时间长短、降雹范围广度及所伴随的风力和雨量有关。通常直径小的冰雹在数量多或持续时间长的情况下才会致灾。直径大的冰雹会造成灾害,直径大于6 cm的特大冰雹一般会造成严重灾害。冰雹的密度大,也是冰雹致灾的重要原因。

冰雹造成的直接危害是砸伤农作物枝叶、茎秆、果实,导致损叶、折秆、脱粒减产。晚春降雹主要危害棉花、玉米、瓜菜等的幼苗生长,冬小麦的拔节、孕穗,以及经济果树的开花、坐果。夏季正是农作物生长旺季,因降雹常伴有的狂风暴雨可造成农作物大面积倒伏,同时,砸伤叶片、砸断茎秆。在初秋出现的降雹主要危害玉米等秋作物。较重的雹灾还会破坏农用机械设备、牧场设备。另外,由于雹块的降落常使土壤表层板结,不利于作物根系生长和幼苗出土。特别是春、夏降雹天气过后,常有干旱天气出现,使板结层更加干硬,给农作物的生长发育带来严重影响。

3.3.8　冰雹灾害指标

(1)冰雹强度指标

冰雹灾害的强度与雹块大小、雹粒的多少及降雹时间长短密切相关,据此将冰雹灾害的强度分为轻、中、重三级。轻雹:多数冰雹直径不超过0.5 cm,累计降雹时间不超过10 min,地面积雹厚度不超过2 cm。中雹:多数冰雹直径0.5~2.0 cm,累计降雹时间10~30 min,地面积雹厚度2~5 cm。重雹:多数冰雹直径2.0 cm以上,累计降雹时间30 min以上,地面积雹厚度5 cm以上。

(2)冰雹灾害指标

根据冰雹对作物造成的损伤状况将冰雹灾害分为轻、中、重三级。轻度灾害:作物叶子被冰雹击破,作物倒伏。中度灾害:作物茎秆折断,花、果实、籽粒脱落。重度灾害:植株死亡,颗粒无收。

3.4　病虫害气象条件预报

病虫害气象条件预报是根据气象条件与病虫害发展蔓延的关系而做出的发生期

(流行期)预测、发生量(发生程度)预测和流行程度预测。农林病虫害的发生、发展和流行必须同时具备以下 3 个条件:

(1)有可供病虫滋生和食用的寄主植物;

(2)病虫本身处在对作物、林木有危害能力的发育阶段;

(3)有满足病虫发展蔓延的气温、降水、湿度和风等气象条件。

是否具备作物、林木病虫害发生、发展和流行的气象条件,是农林病虫害气象等级预报所要回答的问题。

农业病虫害发生发展气象等级的确定,依据中国气象局《气象灾害预警信号发布与传播办法》的有关规定,根据气象灾害可能造成的危害程度、紧急程度和发展态势分为 3 级。其中,1 级为气象条件适宜病虫害的发生发展;2 级为气象条件基本适宜病虫害的发生发展;3 级为气象条件不适宜病虫害的发生发展。

农业病虫害发生发展气象等级预报的方法主要是依据农业病虫害发生发展所需的光、温、水、湿等环境气象条件,即病虫生理气象指标,研究害虫各生长发育阶段和病害发展流行的主要气象影响因子或影响条件,结合病虫历史实际发生情况,利用现代数理统计方法,分析、诊断和预测病虫害发生发展环境气象条件的适宜程度。根据气象条件对病害发生流行影响的程度建立主要病害的促病指数模型,根据气象条件适宜农业害虫生长发育的程度建立主要害虫气象适宜度综合指数预测模型,通过病虫害发生发展气象等级指标的划分,预报农业病虫害发生发展气象等级。

3.5　农作物发育期预报

作物发育期预报一般是根据作物的生物学特性,结合气象条件对作物发育进程的影响而做出的发育期出现日期的预报。作物发育期预报不仅能为中耕、施肥、病虫害防治等田间管理提供依据,也能为其他农业气象服务提供依据。因为有的农业气象预报往往需要知道作物发育期出现的时间,如寒露风预报、干热风预报都需要配合有关作物的发育期进行分析。

作物生长发育的快慢除受自身的生物学特性制约外,还受土壤状况、栽培技术、农田管理水平、温度、水分、光照等因素的综合影响。在土壤条件、栽培技术和管理水平相对一致的情况下,作物发育速度主要取决于作物的生物学特性和气象条件。不同种类、不同品种、不同发育期的作物对光、温、水等气象条件的反应有明显的差异。当温度在作物生物学零度和适宜温度上限范围内,作物生长发育的速度随温度的升高而加快。感光性强的作物和品种,日照的长短和光照的强弱也在一定程度上影响作物的发育速度。在正常的情况下,土壤水分对作物发育速度的影响不明显,但水分过多或严重不足时,作物发育速度会受到明显抑制,莒县作物发育期主要预报方法包括:

（1）积温法

积温法认为,对感光性较弱的作物或品种,在适宜的温度范围内,作物发育速度与温度高低成正比。作物完成某一发育期所需要的有效积温为一定值。预报方法为:

$$D = D_0 + \frac{A}{t - B}$$
(3-3)

式中:D 为预报的发育期出现日期,D_0 为前一个发育期实际出现的日期,A 为完成本发育阶段所需要的有效积温,B 为该发育期的生物学下限温度,t 为该发育阶段的平均气温的预报值或多年平均值。

（2）平均间隔法

平均间隔法认为,对于感光性较弱的作物,在水分条件适宜的情况下,作物相邻两发育期的间隔日数具有相当大的稳定性,利用这一特点可以制作发育期预报。预报模式为:

$$D = D_0 + N$$
(3-4)

式中:D 为预报的发育期出现日期,D_0 为前一个发育期实际出现的日期,N 为两个发育期之间的多年平均间隔日数。

（3）物候学法

物候学方法把作物发育期也称为作物物候期,作物发育期的出现与自然界动、植物物候现象密切相关。该方法认为,可以根据动、植物的物候现象预报作物的物候期,如农民用青蛙始鸣日期,推算冬小麦成熟期。并且,作物本身的某些物候现象和特征也可作为发育期预报的指标。如晚稻穗分化期内幼穗长度与抽穗期有密切的关系,用这种关系,在晚稻抽穗前观测主茎幼穗长度,可推算晚稻抽穗日期。

（4）光温法

对于感光性强的作物的发育期预报,可采用不同的处理方法。一种是先通过试验求出不同光照长度下有效积温的换算系数,再用这些系数将不同光照长度下的有效积温换算成同一光照长度下的有效积温,并以此为依据,用有效积温法预报作物发育期。另一种方法是用温度和考虑光照长度的参量与作物发育期资料,建立统计回归方程,然后据此编制作物发育期预报。

（5）温湿法

该方法在田间试验资料基础上,找出作物发育速度与气象因子及其他影响因子的定量关系,如与温度及土壤湿度的关系,建立作物发育期预报的经验方程,进行作物发育期预报。

3.6　农用天气预报

农用天气预报是针对农业生产的实际需要而开展的一种专业性天气预报,即从农业生产需要出发,结合农业气象指标,依据天气学原理,采用现代预报技术和分析手段,分析、预测未来天气条件及其对农业生产的影响,如播种、收获时期及平时田间管理(施肥、喷洒农药)需要的有针对性的天气预报。农用天气预报时效可分为:一天、一周、一个月、作物生长季或一年。农用天气预报是普通天气预报与作物发育进程、关键农时季节等农业生产实际的有机结合。预报通常围绕播种、管理和收获等三个生产环节进行,如作物播种期天气预报、收获期天气预报以及农事活动(施肥、喷药等)天气预报等。

3.6.1 冬小麦关键农事活动气象条件

冬小麦属喜温凉作物,冬小麦播种的适宜温度为日平均气温 15～18 ℃,土壤相对湿度为 60%～80%。当候平均气温低于 10 ℃时播种,冬前一般不能分蘖;候平均气温高于 20 ℃时播种,冬前易拔节;当日平均气温低于 3 ℃时播种,一般当年不能出苗;播种前降水过多,易导致土壤表层过湿,不利于播种作业,甚至烂种;播种前降水异常偏少,会发生干旱,当 10～20 cm 土壤相对湿度小于 60% 时,影响小麦适时播种,出苗率低。

3.6.2 玉米关键农事活动气象条件

玉米种子发芽的最低温度为 8～10 ℃,最适温度为 25～28 ℃。当 5～10 cm 地温稳定在 10～12 ℃时为春玉米适宜播期。一般地温为 10～12 ℃时,播种后 18～20 d 出苗;地温为 15～18 ℃时,播种后 8～10 d 出苗;地温为 20 ℃时,播种后 5～6 d 就可以出苗。播种时耕层土壤相对湿度春玉米以 60%～70% 为宜;夏玉米以 70%～85% 为宜。

春玉米播种时,日平均气温低于 8～10 ℃时易造成粉种。当土壤相对湿度低于 60% 时,种子迟迟不能发芽,往往会发生坏种,造成缺苗断垄。对春玉米而言,播种时土壤相对湿度大于 80% 时,种子发芽不良,易霉烂;而夏玉米,播种时的土壤相对湿度大于 90% 时,种子会霉烂,导致出苗不良。

3.6.3 大豆关键农事活动气象条件

大豆既喜温又耐凉,播种时要求日平均气温为 7～8 ℃,一般以地温达到 9～10 ℃ 时开始播种为宜。冷凉和干旱地区,为抢墒和躲避秋霜,可在地温为 7～8 ℃时开始播种。播种时适宜日平均气温为 18～20 ℃,最高气温为 33～36 ℃。对于春播大豆,10 cm 土壤相对湿度以 60%～65 % 为宜;对于夏播大豆,10 cm 土壤相对湿度以 70%～80% 为宜。

10 cm 地温低于 8 ℃播种时,种子不能发芽,幼苗遇 −3℃以下气温,将遭受冻害。10 cm 土壤相对湿度大于 85% 或小于 60% 对种子发芽均有影响。

第4章　莒县气象观测服务业务体系

4.1　气象观测站建设

目前,莒县境内每个乡镇(街道)设置 1 个自动气象观测站,共有 23 个:长岭、碁山、果庄、招贤、桑园、峤山、库山、洛河、城阳、店子集、浮来山、刘官庄、龙山、闫庄、小店、陵阳、东莞、碁山、峤山、夏庄、寨里河、东莞、安庄。

其中六要素自动站 12 个,四要素自动站 8 个,单要素自动站 3 个,能够提供全面、广泛的气象资料。各气象观测站具体情况如下所述。

(1)长岭站(四要素),2017 年新建,位于长岭镇长岭小学分校。

(2)碁山站(四要素),2017 年新建,位于碁山镇自来水厂。

(3)果庄站(四要素),2006 年建站,2017 年升级改造成 DZZ4 *站,位于果庄自来水厂。

(4)招贤站(六要素),2006 年建站,2017 年升级改造成 DZZ4 站,位于仕阳水库管理处内。

(5)桑园站(六要素),2006 年建站,2017 年升级改造成 DZZ4 站,位于桑园烟站内。

(6)峤山站(六要素),2011 年建站,2017 年升级改造成 DZZ4 站,位于峤山自来水厂。

(7)库山站(六要素),2017 年新建,位于库山自来水厂。

(8)洛河站(六要素),2011 年建站,2017 年升级改造成 DZZ4 站,位于青峰岭水库。

(9)城阳站(六要素),2011 年建站,2017 年升级改造成 DZZ4 站,位于城阳第二中学院内。

(10)店子集站(四要素),2017 年新建,位于店子集中心初中。

---

* DZZ4 站为一种地面气象自动化观测系统,可完成气温、湿度、气压、风向、风速、降水量、地温、蒸发、雪深、能见度等要素的数据采集、处理、质控、存储和传输。

　　(11)浮来山站(四要素),2011 年建站,2017 年升级改造成 DZZ4 站,位于浮来山敬老院内。

　　(12)刘官庄站(四要素),2017 年新建,位于刘官庄敬老院院内。

　　(13)龙山站(四要素),2017 年新建,位于龙山中心小学。

　　(14)闫庄站(六要素),2017 年新建,位于当门小学。

　　(15)小店站(六要素),2011 年建站,2017 年升级改造成 DZZ4 站,位于小店初中。

　　(16)陵阳站(六要素),2011 年建站,2017 年升级改造成 DZZ4 站,位于陵阳地震台院内。

　　(17)东莞(单要素),2013 年建站,位于东莞烟站内。

　　(18)碁山(单要素),2013 年建站,位于碁山烟叶实验站。

　　(19)峤山(单要素),2013 年建站,位于峤山水库。

　　(20)夏庄站(六要素),2015 年建站,位于夏庄标准化作业点内。

　　(21)寨里河站(四要素),2015 年新建,位于寨里河标准化作业点内。

　　(22)东莞站(六要素),2015 年新建,位于东莞标准化作业点内。

　　(23)安庄站(六要素),2015 年新建,位于安庄标准化作业点内。

4.2　人工影响天气业务建设

　　莒县人工影响天气工作始于 2006 年,使用的作业工具是 BL-1 型火箭发射系统和地面烟炉。目前共有 4 部 56 mm 防雹增雨火箭弹自动发射系统、6 部 BL 系列防雹增雨火箭弹系统、2 个地面碘化银装置。人工影响天气作业点共 14 个,4 个标准化作业点,4 个固定作业点,6 个移动作业点,2 个地面燃烧炉。2005 年 8 月莒县成立了由分管副县长任组长的莒县人工影响天气领导小组,2017 年 3 月 14 日,县机构编制委员会行文成立了莒县人民政府人工影响天气办公室,为正股级公益性财政拨款事业单位,核定事业编制 2 名,并通过县紧缺人才渠道招聘一名双一流人才。由县政府和气象局领导,县气象局负责日常管理工作;进一步加强对人工影响天气工作的组织领导,地方财政先后投入近 600 余万元,从 2016 年每年投入 40 万元用于人工影响天气工作,为莒县人工影响天气发展提供了资金保障。

　　目前已基本建立了以"政府主导、气象主管、部门协助、综合监管"的人工影响天气组织管理体系。近年来,莒县加快推进人工影响天气标准化作业点建设,人工影响天气业务体系建设,加快构建区域全覆盖的人工影响天气作业网络,构建监测体系,升级改造了 23 个区域自动站;建立了预警体系,在全县建设了 29 个气象预警显示屏,40 部智能气象预警终端;建成了作业体系,2015—2017 年,在全县范围规划建设密度适宜、布局合理的 4 个标准化作业点和 2 座增雨雪燃烟炉。同时进一步规范流动作业点建设,目前全县已建成标准化作业点 4 个,流动作业点 4 个,固定作业点 4 个,地面燃烧炉 2 个,作业区域实现全覆盖。多种作业手段相联合的作业体系,极大地提升了作业效率和作业能力。

4.3 气象为农服务

经过多年来气象服务发展和实践,莒县气象局已经逐步建立了由决策气象服务、公众气象服务、专业专项气象服务等业务系统构成,以气象灾害防御和应对气候变化为着力点的气象服务业务体系,其业务内容主要包括基础业务信息获取、预报预警服务产品加工制作、产品分发和气象为农服务等方面。

4.3.1 气象服务系统

(1)气象服务信息采集系统

莒县气象服务信息包括气象观测数据、预报预测结论、气象灾情数据,为水利、民政、农业农村、交通、卫生、统计、测绘等部门提供的经济社会数据。

(2)气象服务数据库

莒县气象服务数据库具有存储、管理、检索、统计、数据交换、归档以及自动更新、维护、共享等功能。数据库包括气象服务需求分析信息、气象监测和预报预测预警信息、各类服务产品、气象灾情信息、地理信息、社会经济信息、决策支持信息、服务典型个例信息、服务产品质量信息、用户反馈信息、效益评估信息。该数据库为气象灾害防御、决策气象服务、公众气象服务、专业专项气象服务提供信息支持。

(3)决策气象服务产品制作系统

利用莒县决策气象服务产品分发平台,主要通过电话、传真、网络、短信、影视等专门发送渠道及时将决策气象服务产品发送至政府决策部门。收集政府决策部门有关领导的手机号码、电话和传真号码,遇有突发灾害性天气,在第一时间通过手机短信、电话和传真等多种手段将预警信息发送到决策者手中。

(4)公众气象服务产品制作系统

利用电视气象服务产品制作系统制作电视天气预报节目,丰富节目内容,提供权威、实用、细分的各类气象服务信息。还有面向网络、电话、手机短信等的公众气象服务产品制作系统。

(5)专业气象服务产品制作系统

主要包含针对农业、交通、水利、航空、林业、自然资源、环保、旅游、海洋、保险、能源、电力、仓储、物流等部门或行业制作的专业气象服务产品。

(6)专业气象服务产品发布平台

包含针对农业农村、交通、水利、旅游、能源、林业、自然资源等部门的网络、传真等专门产品发布系统。

4.3.2　气象业务服务

（1）气象为农服务

①建立了气象灾害监测预警体系：如建立了温室大棚小气候站等，开展设施农业气象服务，每周一发布莒州气象专报。

②根据气候与种植特点为莒县特色农业如绿茶、黄烟等特色种植业提供优质气象服务。

③建立健全农村气象防灾减灾体系及信息传播网络，使各级乡镇领导、基层农业技术员、种植大户等能够及时接收到灾害性天气预警信息，争取防灾减灾的主动性。同时打造优质服务产品，体现气象服务产品的实时性和快捷性，提高社会各界对气象信息的关注，推进气象服务能力的全面提高。

④加强气象为农服务的宣传以及信息的普及，根据季节、作物适时调整服务内容，切实做好指导建议。改定时预报为连续监测、滚动发布，及时更新气象信息内容，并通过电视、短信等各种载体提供及时优质的气象信息服务。

（2）其他服务

除观测预报、人工影响天气业务外，开展了决策、公众气象服务。通过决策服务网站、手机短信、微博、微信、莒州气象 APP 等服务手段，为地方党委政府及相关部门提供决策气象服务；积极参加地震、地质灾害、防汛抗旱、护林防火会商，为莒县多项灾害防御工作提供有力的应急气象保障支持。通过信息平台以手机短信方式为2000 余名气象信息员发送相关气象灾害预报、预警信息和农业服务信息。

第 5 章　农业气象周年服务方案

5.1　农业气象服务总体要求

　　县级气象局是我国农业气象服务体系建设的重要组成部分,是气象服务于农业的前哨,根据中国气象局关于加强农业气象服务体系建设的指导思想,县级气象部门应建立健全面向农业生产实际全过程、多时效、定量化的农业气象监测分析、预测预报和影响评估的技术系统。开展在国家、省、地(市)级气象局指导下、各级互成体系的农用天气、农业气象预报、情报、灾害预警业务,提升国家粮食安全的气象综合保障能力。完成精细化农业气候区划和农业气象灾害风险区划,建立农业适应气候变化的决策服务业务。初步建成结构科学、布局合理、功能先进的国家、省、市、县四级现代农业气象服务体系,为稳定农业生产和保障国家粮食安全提供优质气象服务。

5.2　农业气象服务对象及产品种类

　　莒县农业气象服务产品共分两类:一类为农业决策气象服务类,主要针对县、乡镇两级政府及涉农部门的农业决策服务。主要包括 4 种:重大天气过程气象服务、重大农事活动气象服务、作物生长季农业气象条件分析、雨墒情分析;第二类为农业生产直通式服务类,主要针对种养殖大户、农民合作社、农业龙头企业和气象信息员服务。主要包括:大田作物生产气象服务产品、日光温室类气象服务产品、特色农业气象服务产品。

　　大田作物服务产品包括大田作物播种期预报、土壤墒情监测信息、农业干旱监测与预报、水稻移栽期预报、病虫害预报、大田作物苗期气象条件及作物长势分析、农业气象灾害监测及预报(卡脖旱、伏旱、低温、连阴雨)、大田收获期预报、秋收秋种农用天气预报、初霜冻预报、封冻前农田墒情监测信息、农用天气预报等。

　　设施农业服务产品包括棚内实况监测信息、设施内气象条件预报、灾害性天气预警信息(低温冷害、大风、大雪、寡照、高温热害等及其应对措施)、病虫害预报、与设施农业日常管理相关的通风、盖帘、喷药、灌溉等农用天气预报。

特色农业服务产品包括特色作物播种期预报、开花期预报、花期气象灾害预报、病虫害发生发展气象等级预报、果实膨大期天气预报、林果采收期天气预报等。

5.3　农业气象周年服务产品类型

5.3.1　决策气象服务产品

（1）农业气象灾害监测预警决策服务。基于省级指导产品，适时制作农田干旱、小麦霜冻、干热风、玉米花期高温热害等卫星遥感灾害监测预警产品；基于特色作物灾害指标，开展茶树冻害、果树霜冻及高温热害等特色作物灾害预警；基于病虫害发生发展气象等级指标，开展小麦纹枯病、小麦赤霉病、小麦蚜虫、棉花棉铃虫、玉米黏虫、生姜瘟病等病虫害发生发展气象等级预报；制作决策气象服务产品，为政府部门决策提供科学依据。

（2）融合卫星遥感监测的农作物决策气象服务产品。包括冬小麦返青期预报、春播及秋播作物适宜始播期预报、冬小麦、夏玉米生育期气象条件分析、设施农业气象灾害影响预报、各地特色作物农业气象服务产品等。

5.3.2　公众气象服务产品

基于省级融合卫星遥感技术的特色作物专题服务产品，制作包括作物长势监测诊断评价、农用天气预报、灾害预警及不定期监测、预报、预警类产品。与农业农村局合作，充分利用并集成生产大户资源，通过微博、微信等新媒体服务渠道，充分利用电视台以及新闻网站面向公众及新型农业经营主体开展公众气象服务。具体内容包括：

（1）大田作物：冬小麦播种期、返青期等关键发育期预报及生产建议；主要农事活动及基于气候适宜程度的农用天气预报；冻害、干热风等灾害预警；病虫害发生发展气象等级预报及建议；收获期服务专报信息。

（2）设施蔬菜：喜温类果菜类蔬菜、叶菜类蔬菜低温影响预报、寡照影响预报；日光温室及塑料大棚大风影响预报、暴雪影响预报。

（3）特色作物：茶叶、黄烟、芦笋等特色作物关键生育期生产建议信息；主要农事活动及基于气候适宜程度的农用天气预报；冻害、干旱、高温热害等监测及预警。

5.3.3　专项气象服务产品

发展智慧农业专业气象服务，实现专业气象服务的"专、精、特、新"。广泛应用省级建设的多元数据融合、多种技术集成、适应多种传播介质的智能化专业气象服务产品制作平台，为专业用户提供定单式的农业气象服务产品，提升专项气象服务的及时性、针对性和实用性。

莒县气象局发布的年度农业气象服务产品及周年服务方案见附表 5-1～5-4。

表 5-1　定期发布的农业气象服务产品

时间	材料内容	服务对象
每周周一	(1)农业周报:旬天气概况分析、本周天气对农业生产影响评价、下周生产建议及天气预报。 (2)农业干旱监测信息:土壤水分监测概况分析、干旱等级及干旱分布、生产建议	决策部门
4 月下旬至 5 月中旬	春耕春播气象服务专报	决策部门、公众及新型经营主体
1—3 月、 11—12 月每周周一	设施农业生产情况、温室内主要气象要素监测、未来天气趋势预测、生产建议	决策部门、公众及新型经营主体
9 月下旬至 10 月中旬	秋收秋种气象服务专报	决策部门、公众及新型经营主体

表 5-2　不定期发布的农业气象服务产品

产品名称	发布频次	服务对象
农林重大病虫害影响时段预报	不定	决策部门及公众、新型经营主体
春季霜冻对茶树、果树影响预报 冬小麦、夏玉米生育期气象条件分析	不定	决策部门及公众、新型经营主体
喜温类果菜类蔬菜、叶菜类蔬菜低温影响预报、寡照影响预报 日光温室及塑料大棚大风影响预报、暴雪影响预报	不定	决策部门及公众、新型经营主体
茶叶、黄烟等特色作物关键生育期生产建议 冻害、干旱、高温热害等监测及预警	不定	决策部门及公众、新型经营主体

表 5-3　干热风农用天气预报服务方案

区域	作物	时间	关注气象因子		适宜气象指标	主要影响评价	方法与产品
			当前实况	未来预报			
全县	小麦	5月	最高气温 相对湿度 风速	日最高气温 14时相对湿度 风速	小麦抽穗期适宜温度 13～20℃；扬花期适宜温度 18～24℃；灌浆期适宜温度 18～22℃	轻干热风：最高气温≥32℃，14时相对湿度≤30%，14时风速≥2 m/s。重干热风：最高气温≥35℃，14时相对湿度≤25%，14时风速≥3 m/s	根据小麦抽穗、灌浆等发育进程，结合当前天气实况及未来天气预报结果，以及小麦种植空间分布信息，给出干热风对小麦影响程度等级及相应的防御对策、措施等

表 5-4　霜冻、冰冻对果树影响的农用天气预报服务方案

区域	作物	时间	关注气象因子		主要影响评价	方法与产品
			当前实况	未来预报		
全县	果树	3月下旬至4月	平均气温 降水 霜冻 冰冻	日最低气温 平均气温 霜冻	杏、李、樱桃等果树进入蕾期，最低气温−2～−1℃时开始受冻。大樱桃花蕾期最低气温−5.2～−1.7℃，开花期最低气温−2.2～−1.1℃	根据天气实况及未来天气预报结果，给出霜冻、冰冻对果树影响程度及相应的防御对策、措施等
全县	茶树	3月下旬至4月	平均气温 降水 霜冻 冰冻	日最低气温 平均气温 霜冻	茶树进入萌芽期，最低气温−2～−1℃时开始受冻。大樱桃花蕾期最低气温−5.2～−1.7℃，开花期最低气温−2.2～−1.1℃	根据天气实况及未来天气预报结果，给出霜冻、冰冻对果树影响程度及相应的防御对策、措施等

第6章　农业气候区划

6.1　莒县自然概况

　　莒县位于山东省东南部,日照市西部,东经 $118°35'$—$119°19'$,北纬 $35°19'$—$36°02'$,隶属于沿海开放城市——日照市。东邻日照市东港区、五莲县,西接沂水县、沂南县,北接诸城市,南毗莒南县。南北最大长距 75.6 km,东西最大宽距 37.4 km,面积总计 1952.42 km²,有汉族、回族、蒙古族、藏族、壮族、朝鲜族等 36 个民族。

　　莒县属温带大陆性季风气候,一年四季周期性变化明显,冬无严寒,夏无酷暑,雨量充沛,季节性降水明显,日照充足,热能丰富。本章主要针对茶树和农作物进行了气象、地形、土壤的种植适宜性分析和农业气候区划。莒县行政区划见图 6-1。

6.2　资料来源

　　气温(平均气温、极端最高、最低气温)、降水(降水总量、极端降水)、日照、相对湿度等气象要素,资料全部来源于山东省气象局。土壤资料包括山东省土壤 pH 值、土壤质地和土壤有机碳含量,数据均来源于山东省气象局。综合区划所用的山东省河流矢量数据来自中国国家数据中心。

6.3　区划方法

　　(1)气象因子插值方法—Kriging 插值法

　　Kriging 插值法是以变异函数理论和结构分析为基础,在有限区域内对区域化变量进行无偏差最优估计的一种方法。通过对已知样本点赋权重来求得未知样点值,其表达式为:

$$Z(x_0) = \sum_{i=1}^{n} \lambda_i Z(x_i) \tag{6-1}$$

式中:$Z(x_0)$ 为未知样点值,$Z(x_i)$ 为未知样点周围的已知样点值,λ_i 为第 i 个已知样

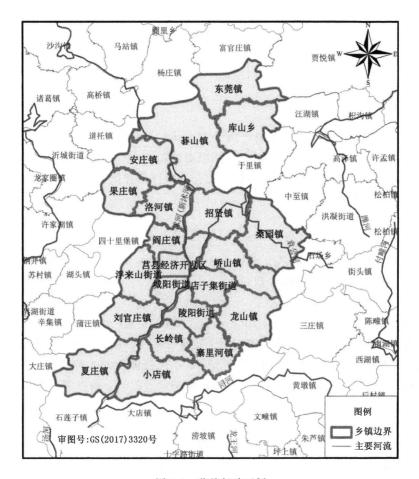

图 6-1　莒县行政区划

本点对未知样点的权重，n 为已知样点的个数。

采用 Kriging 插值法可以由山东省各市县的气象观测资料获取全省分辨率定为
$100\ \mathrm{m} \times 100\ \mathrm{m}$ 的栅格图。

（2）因子标准化

在区划过程中，由于所选因子的量纲不同，所以，需要将因子进行标准化。本区
划根据具体情况，采用极大值标准化和极小值标准化方法，其表达式如下。

极大值标准化：

$$X'_{ij} = \frac{\left| X_{ij} - X_{\min} \right|}{X_{\max} - X_{\min}} \tag{6-2}$$

极小值标准化：

$$X'_{ij} = \frac{|X_{\max} - X_{ij}|}{X_{\max} - X_{\min}} \qquad (6\text{-}3)$$

式中：X_{ij} 为第 i 个因子的第 j 项指标；X'_{ij} 为去量纲后的第 i 个因子的第 j 项指标；$X_{\min}$、$X_{\max}$ 为该指标的最小值和最大值。式(6-2)和式(6-3)，根据区划中因子与作物种植的适宜程度的关系而选择。如果因子与作物种植的适宜程度成正比，选用式(6-2)，反之，选用公式(6-3)。

（3）加权综合评价法

加权综合评价法综合考虑了各个因子对总体对象的影响程度，是把各个具体的指标综合起来，集成为一个数值化指标，用以对评价对象进行评价对比。因此，这种方法特别适用于对技术、策略或方案进行综合分析评价和优选，是目前最为常用的计算方法之一。其表达式为：

$$C_{vj} = \sum_{i=1}^{m} Q_{vij} W_{ci} \qquad (6\text{-}4)$$

式中：C_{vj} 为评价因子的总值，Q_{vij} 是因子 j 的指标 i（$Q_{ij} \geqslant 0$），W_{ci} 是指标 i 的权重值（$0 \leqslant W_{ci} \leqslant 1$），$m$ 是评价指标个数。

（4）层次分析法

层次分析法（Analytic Hierarchy Process，AHP）是对一些较为复杂、模糊的问题做出决策的简易方法，适用于那些难于完全定量分析的问题。它是美国运筹学家、匹兹堡大学萨第（T. L. Saaty）教授于 20 世纪 70 年代初提出的一种简便、灵活而又实用的多准则决策方法。层次分析法是一种定性与定量相结合的决策分析方法。决策法通过将复杂问题分解为若干层次和若干因素，在各因素之间进行简单的比较和计算，便可以得出不同方案重要性程度的权重，为最佳方案的选择提供依据。其特点是：①思路简单明了，它将决策者的思维过程条理化、数量化，便于计算；②所需要的定量化数据较少，但对问题的本质，问题所涉及的因素及其内在关系分析比较透彻、清楚。区划的技术路线如图 6-2 所示。

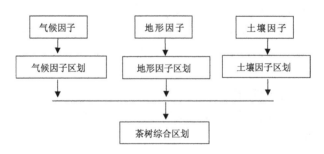

图 6-2　区划技术路线图

6.4　莒县农业气候区划

6.4.1　莒县茶树农业气候区划

山东省是我国最北的茶区,莒县自 1966 年"南茶北引"成功后,50 多年来,逐步将茶叶种植确定为支柱产业。浮来青茶叶产于莒县夏庄镇一带,是一种条形或扁形的炒青绿茶。夏庄镇种茶历史虽不长,但南茶北引以来,不断探索茶树安全越冬和高产优质的一系列技术措施,茶园实施标准化管理,进行冬季覆盖保温,铺草、培土、灌溉、修剪等配套措施,细心栽培,合理采摘,使茶树生长旺盛,芽壮叶肥。制作成的扁形或曲条形细嫩绿茶命名为"浮来青",栗香浓郁,汤色绿明,滋味鲜醇耐冲泡。

6.4.1.1　区划因子的选择与权重确定

茶树喜欢温暖的气候条件,对温度和热量有一定的要求。在适当的温度条件下,茶树才能生长良好。气温在 10~35 ℃时,茶树通常能正常生长,在 20~25 ℃时生长最快,气温超过 35 ℃时茶树新梢生长缓慢或停止。在春季,一般日平均气温稳定在 8~14 ℃时,茶树的越冬芽开始萌发。气温降到 15 ℃左右时,新梢就停止生长,但根系一般在气温低于 8 ℃时才停止活动。在某些地区,由于冬季温度过低还会造成冻害。除了对温度要求外,茶树对积温也有一定要求。一般情况下,一年之中大于 10 ℃的活动积温越多,茶树的生长时期就越长。水分是保证茶树正常生长的基础条件之一,雨量不足,空气湿度太低,对茶树生长不利。降水是茶园水分最主要来源,保证茶树能正常生长的年降水量一般在 800 mm,以上。在茶树生长期间,月降水量通常不能少于 100 mm,当月降水量少于 50 mm 时,茶树缺水。空气相对湿度对茶树生长也会产生影响,一般认为,在茶树生长期比较适合的空气相对湿度为 80%~90%,当相对湿度高时,新芽生长速度比相对湿度低时生长的速度快,节间长,叶片大,嫩度高。空气相对湿度低于 50%对茶树生长发育不利,而且使茶叶质地粗硬,品质降低。茶树生长对光照条件要求较高,光照越好,茶叶长势及质量越好。茶树对土壤条件有一定要求,一般要求土层深厚、排水良好,特别要求土壤呈酸性。我国适合种茶的土壤主要有砖红壤、赤红壤、红壤、黄壤、黄棕壤、棕壤、褐土和紫色土等。

根据茶树生育期各阶段所需气象条件不同,选择了最可能影响茶树生长的 8 个要素作为茶树种植区的影响因子,采用层次分析法(AHP)赋予不同权重,具体因子的选取及权重分配见图 6-3。

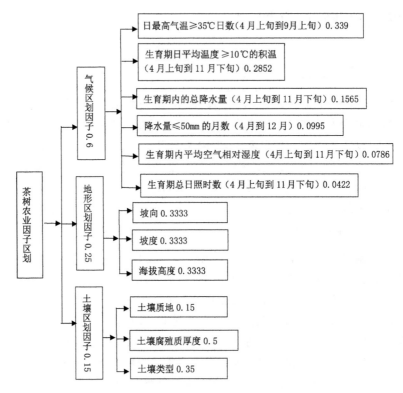

图 6-3　莒县茶树农业气候区划因子及权重分配

6.4.1.2　莒县茶树气候区划因子的空间分布

(1)茶树生长期内(4月上旬到11月下旬)平均温度大于10 ℃的积温空间分布

积温对茶树有很大的影响,茶树芽自膨大到停止生长的 220 d 内要求≥10 ℃积温在 4000 ℃·d 以上,有效积温越大生长期越长,越利于茶树的种植,因此本研究计算时对此因子进行极大值标准化。莒县茶树生长期≥10 ℃积温空间分布如图 6-4所示。

莒县茶树生长期≥10 ℃积温空间分布不均衡,西南部地区最高,其次中部,北部和东北部地区较低。积温最高可达 4421.080 ℃·d,积温较高的地区主要包括:夏庄镇、小店镇、刘家官庄镇、浮来山街道、城阳街道、陵阳街道、长岭镇、寨里河镇。≥10 ℃积温最低值为 4323.860 ℃·d,低值区主要包括碁山镇、库山乡西南部、东莞镇西部、安庄镇、果庄镇大部、洛河、招贤、桑园北部。平均积温为 4363.396 ℃·d,最高值与最低值相差 98.22 ℃·d。

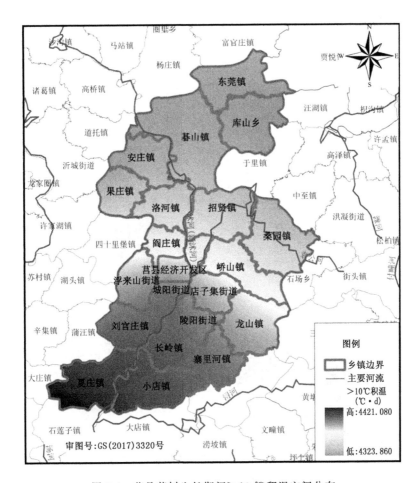

图 6-4　莒县茶树生长期间≥10 ℃积温空间分布

(2)茶树生长期(4 月上旬到 11 月下旬)总降水量空间分布

水分是植物生长的基础条件之一,降水是茶园水分的主要来源。雨量过少,茶树生长受抑制,芽叶生长缓慢,叶形变小,节间变短,叶质粗老而硬,影响产量和品质,因此在计算时对此因子进行极大值标准化处理。莒县茶树生长期降水量空间分布如图 6-5 所示。

莒县茶树生长期降水空间分布总体呈现由东北向西南递减的趋势,北部最低。东部的龙山镇、寨里河镇、降水量最高,其次为北部的小店镇、夏庄镇。东莞镇、库山乡、碁山镇的降水量最少。全县茶树生长期降水量平均最高值为 689.057 mm,平均最低值为 656.214 mm。全县茶树生长期降水量平均值为 675.990 mm,差值为 32.843 mm,差异不大。

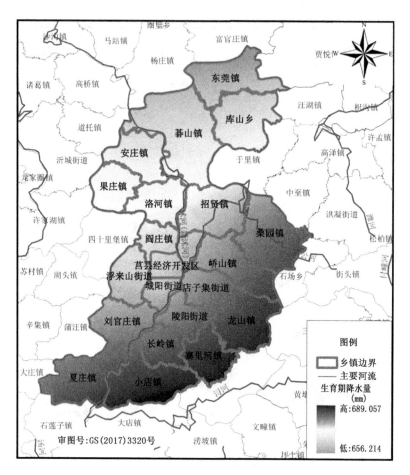

图 6-5　莒县茶树生长期间降水量空间分布

(3)茶树生长期(4月上旬到11月下旬)总日照时数空间分布

茶树生长期内总日照时数会影响到茶树的生长。莒县靠近海边,水汽由洋面登陆,常常形成雾天,因此日照时间越长漫反射辐射量越大,对茶树种植越有利,因此在计算时对此因子进行极大值标准化处理。莒县茶树生长期总日照时数空间分布如图6-6所示。

莒县茶树生长季日照时数呈由东北部向西南部逐步递减的分布趋势,日照时数最高值为1547.74 h,最低值为1495.50 h,平均值为1520.99 h;最高与最低的差值为52.24 h,相差不大。其中最高值分布在东莞镇、库山乡、碁山镇、安庄镇、果庄镇;最低值分布在夏庄镇、小店镇、长岭镇、寨里河镇、刘官庄镇、陵阳街道、龙山镇、店子集街道、城阳街道。

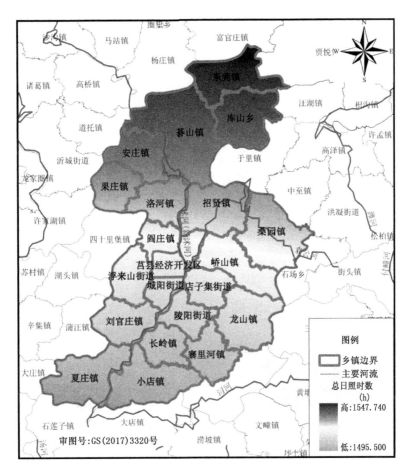

图 6-6　莒县茶树生长期间总日照时数空间分布

（4）茶树生长期（4 月上旬到 11 月下旬）平均空气相对湿度空间分布

茶树对相对湿度的要求较高,70％以上基本满足茶叶生长,空气相对湿度为 80％～90％最适宜茶树生长,因此在计算时对此因子进行极大值标准化处理。莒县茶树生长期间平均空气相对湿度空间分布如图 6-7 所示。

莒县茶树生长期平均空气相对湿度大体呈现出由东南部向西北部递减的趋势,空气相对湿度最高为 71.422％,最低为 70.280％。平均值为 70.887％,最高和最低值相差 1.142％,差异不大。空气相对湿度较高区域分布在寨里河镇南部、小店镇南部、夏庄镇南部;空气相对湿度较低区域分布在西北部的乡镇。

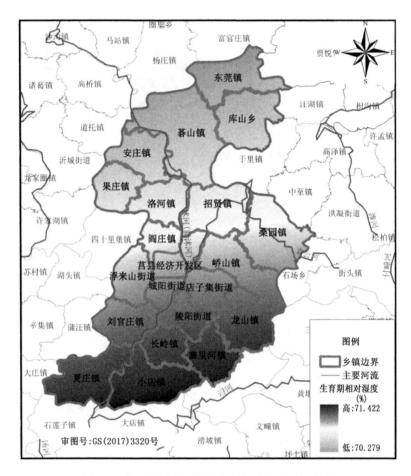

图 6-7　莒县茶树生长期内空气相对湿度空间分布

(5)茶树生长期(4月上旬到11月下旬)日最高气温大于35 ℃日数空间分布

茶树对温度的要求较高,当气温高于35 ℃时,茶树便会停止生长,温度在10~35 ℃时,茶树才能正常生长,因此在计算时对此因子进行极小值标准化处理。莒县茶树生长期日最高气温大于35 ℃日数空间分布如图6-8所示。

莒县茶树生长期日最高气温>35 ℃的日数西北地区高于西南地区,日最高气温高于35 ℃的日数较多的地区主要分布在果庄镇、安庄镇、碁山镇、库山乡、东莞镇,最高值为0.236 d;较少的日数主要分布在夏庄镇、小店镇、赛里河镇、长岭镇、陵阳街道、龙山镇、峤山镇、桑园镇,最低值为0.117 d。全县平均值为0.171 d,最高与最低之间的差值为0.119 d,差异很小。

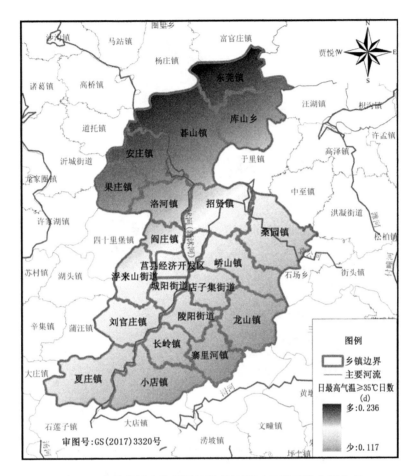

图 6-8　莒县茶树生长期间日最高气温≥35 ℃日数空间分布

(6)茶树生长期(4—12 月)月降水量≤50 mm 的月数空间分布

在茶树生长期间,月降水量通常不能少于 100 mm,当月降水量少于 50 mm 时,茶树缺水,影响生长,因此在计算时对此因子进行极小值标准化。莒县茶树生长期月降水量小于 50 mm 月数空间分布如图 6-9 所示。

莒县茶树生长期月降水量小于 50 mm 较多的地区主要分布在东莞镇、库山乡北部、碁山镇北部。较少的地区分布在龙山镇、寨里河镇、小店镇、夏庄镇。最高值为 4.836,最低值为 4.658,相差 0.178,差异很小。

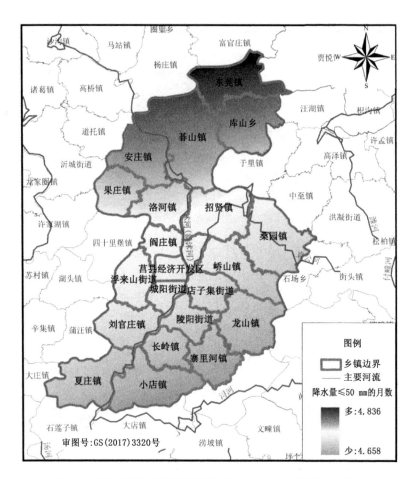

图 6-9　莒县茶树生长期间月降水量小于 50 mm 月数空间分布

6.4.1.3　莒县茶树地形区划因子空间分布

（1）莒县坡度空间分布

坡度对农作物的生长发育影响至关重要，一般作物均在平原地区或山间平地生长较好，茶树对坡度有一定的要求，由于莒县坡度大的地方分布较少，因此在计算时对此因子进行极小值标准化处理。莒县坡度空间分布如图 6-10 所示。

莒县坡度最高值为 30.432°，主要分布在莒县东部边缘和北部，全县大部分地区地势较为平坦，普遍适宜茶树的种植。

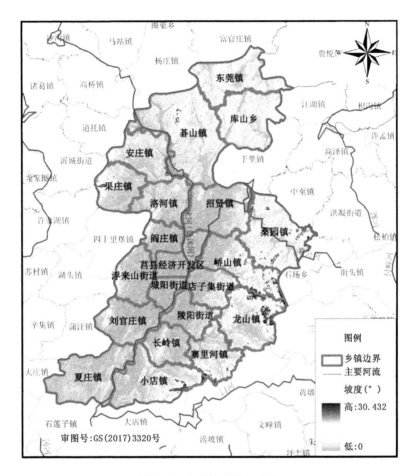

图 6-10　莒县坡度空间分布

（2）莒县坡向空间分布

坡向对于农作物的影响主要是间接影响，坡向通过影响光照和温度来影响作物的生长，一般越靠近南向的坡，光照和温度条件越好，对作物的生长也越有利。莒县坡向空间分布如图 6-11 所示。

因莒县地势较为平坦，坡向在全县范围内较为均匀。根据坡向的小气候特征，将坡向分级并赋予分值，如表 6-1 所示，在计算时将此因子进行极大值标准化处理。

表 6-1　坡向分级及分值

坡向	无坡	北	东北	西北	东	西	东南	西南	正南
分值	1	2	3	4	5	6	7	8	9

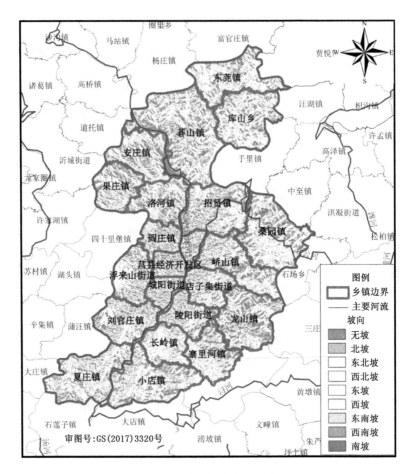

图 6-11　莒县坡向空间分布

（3）莒县海拔高度空间分布

海拔高度作为重要的地形因子，对农作物有着重要的影响，一般作物适宜在海拔较低的平原地区生长，因此在计算时将此因子进行极小值标准化处理。莒县海拔高度空间分布如图 6-12 所示。

从图中可以看出，莒县海拔南部、东部较高，其他地区较为平坦。

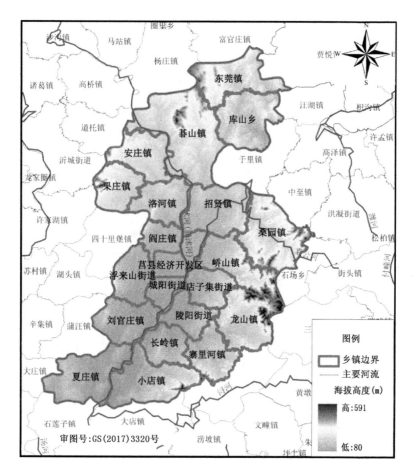

图 6-12　莒县海拔高度空间分布

6.4.1.4　莒县茶树土壤区划因子空间分布

（1）莒县土壤质地空间分布

土壤质地是根据土壤的颗粒组成划分的土壤类型。土壤质地一般分为砂土、壤土和黏土三类，是土壤物理性质之一，由于不同质地的土壤养分、透水性和土壤理化性质不同，因而不同土壤质地对农作物有一定的影响。莒县土壤质地空间分布如图6-13 所示。

莒县土壤质地分为黏土、黏质壤土、砂质黏壤土、粉壤土、砂土、壤土、沙壤土、壤质砂土 8 类，其中以壤土分布最广，占整个总面积的绝大部分，在全县分布较广泛；其他土壤类型均匀分布在莒县各处。

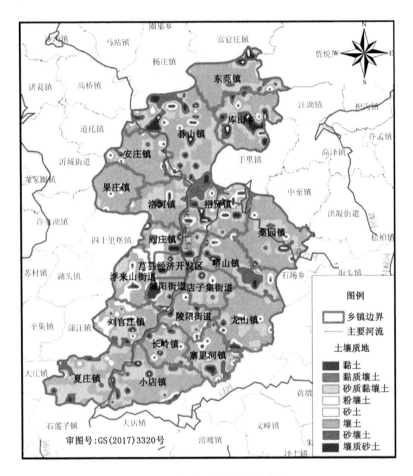

图 6-13　莒县土壤质地空间分布

　　茶树对土壤条件有一定要求,一般要求土层深厚、排水良好最适宜茶树生长,将土壤质地赋予分值,如表 6-2 所示,在计算时将此因子进行极大值标准化处理。

表 6-2　土壤质地综合评分

土壤质地	综合评分	土壤质地	综合评分
砂土	2	壤土	8
砂质黏壤土	5	粉壤土	6
沙壤土	7	黏土	1
壤质砂土	3	黏质壤土	4

（2）莒县土壤腐殖质厚度空间分布

腐殖质层是指富含腐殖质的土壤表层，含有较多植物生长所必需的营养元素，特别是氮素。土壤肥力的高低与腐殖质层的厚度和腐殖质的含量密切相关，因此腐殖质层的状况，常作为评价土壤肥力的标准之一。莒县土壤腐殖质厚度空间分布见图 6-14 所示。

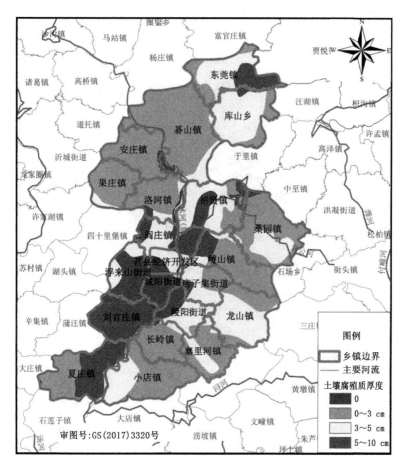

图 6-14　莒县土壤腐殖质厚度空间分布

莒县土壤腐殖质厚度空间差异性较大，但各乡镇间腐殖质厚度相差较小，介于 0～10 cm。腐殖质厚度越厚，越有利于茶树的生长发育。将土壤腐殖质厚度赋予不同分值，如表 6-3 所示，在计算时将此因子进行极大值标准化处理。

表 6-3　土壤腐殖质厚度分值

腐殖质厚度	0 cm	0～3 cm	3～5 cm	5～10 cm	10～15 m	15～20 m	＞20 cm
分值	0	1	2	3	4	5	6

（3）莒县土壤类型空间分布

不同的土壤类型适宜种植的作物不相同，根据土壤的质密性、保水性越好，沉积时间越长对茶树发育生长越有利，莒县土壤类型空间分布如图 6-15 所示。

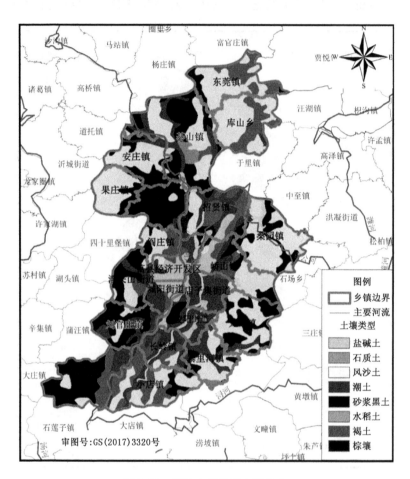

图 6-15　莒县土壤类型空间分布

莒县土壤种类较多，从图中可以看出，不同类型相间分布，棕壤、潮土、风沙土、褐土所占面积最广，其他土类面积较小。

适合种茶的土壤主要有砖红壤、赤红壤、红壤、黄壤、黄棕壤、棕壤、褐土和紫色土等。将土壤类型赋予分值，如表 6-4 所示，在计算时将此因子进行极大值标准化处理。

表 6-4　土壤类型综合评分

土壤类型	综合评分	土壤类型	综合评分
褐土	7	风沙土	3
水稻土	5	盐碱土	1
棕壤	8	石质土	2
砂浆黑土	4	潮土	6

6.4.1.5　莒县茶树农业气候区划

（1）莒县茶树气候因子区划

将影响茶树生长发育的关键气候因子进行累加，其表达式为：

$$Y_{气候} = \sum_{i=1}^{6} \lambda_i X_i \qquad (i = 1,2,3,\cdots,6) \tag{6-5}$$

式中：$Y_{气候}$ 表示茶树气候因子的种植适宜程度，X_i 为气候因子，λ_i 为权重。莒县茶树气候因子区划结果如图 6-16 所示。

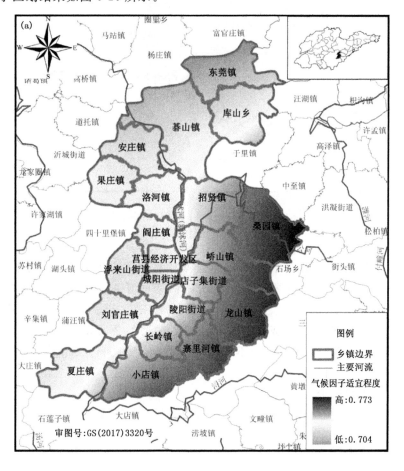

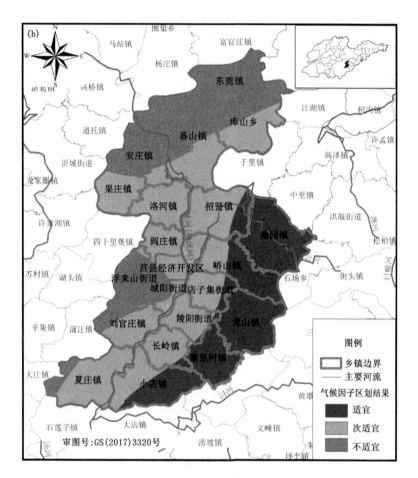

图 6-16　莒县茶树气候因子区划结果空间分布

（a 为不分级；b 为分级）

　　莒县茶树气候因子区划结果显示，莒县茶树种植适宜性总体表现为东南高于西北。适宜茶树生长的地区主要分布小店镇东部、寨里河镇、龙山镇、峤山镇东部、店子集街道东部、桑园镇、招贤镇东部；次适宜分布在夏庄镇、刘官庄镇东南、长岭镇、陵阳街道、城阳街道东部、莒县经济开发区、阎庄镇、洛河镇、招贤镇中西部、果庄镇、安庄镇南部、碁山镇南部、库山乡东南；不适宜区主要分布安庄镇大部、浮来山街道、碁山镇北部、东莞镇、库山乡西北。

　　（2）莒县地形因子区划

　　将影响茶树生长发育的关键地形因子进行累加，其表达式为：

$$Y_{地形} = \lambda_1 X_{海拔} + \lambda_2 X_{坡度} + \lambda_3 X_{坡向} \tag{6-6}$$

式中：$Y_{地形}$ 表示茶树地形因子的种植适宜程度；X 为精细化地形因子，下标表示不同的特征因子，λ_1、λ_2、λ_3 为权重，本研究将所有地形因子的权重均赋予 0.3333。莒县地形因子区划结果如图 6-17 所示。

　　从地形因子可以看出，全县不适宜种植茶树的区域主要分布在东部和北部区域，其他区域各县也有零星分布，但适宜区和次适宜区占全县大部分，面积较广。

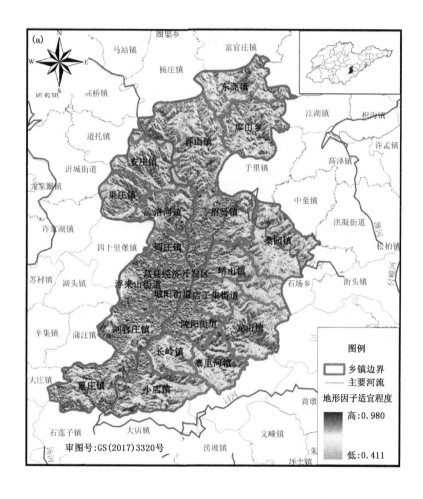

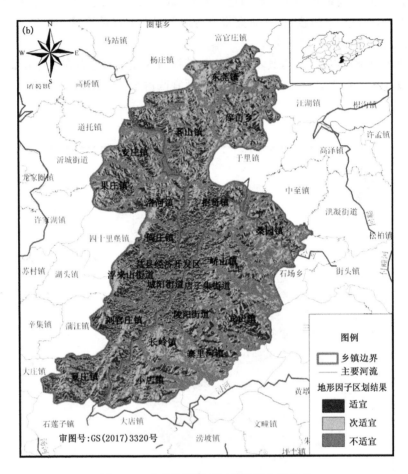

图 6-17　莒县地形因子区划结果空间分布

（a 为不分级；b 为分级）

（3）莒县土壤因子区划

莒县土壤因子区划结果是所有土壤因子的综合，是所有土壤因子标准化并乘以对应权重后相加之和，其表达式为

$$Y_{土壤} = \lambda_1 X_1 + \lambda_2 X_2 + \lambda_3 X_3 \tag{6-7}$$

式中：$Y_{土壤}$ 表示土壤因子对茶树种植的适宜程度；X_1 表示土壤质地，λ_1 则表示其对应的权重 0.150；X_2 表示土壤类型，λ_2 表示对应权重 0.350；X_3 表示土壤腐殖质厚度，λ_3 表示对应权重 0.500。莒县土壤因子区划结果如图 6-18 所示。

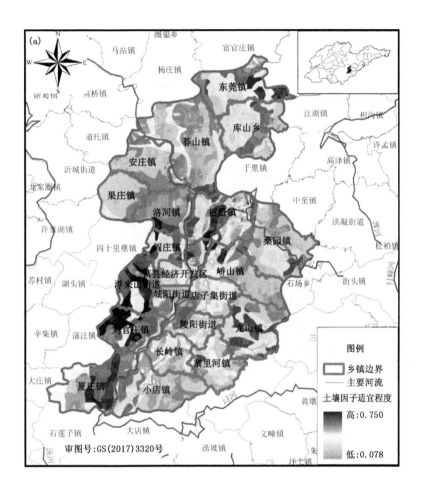

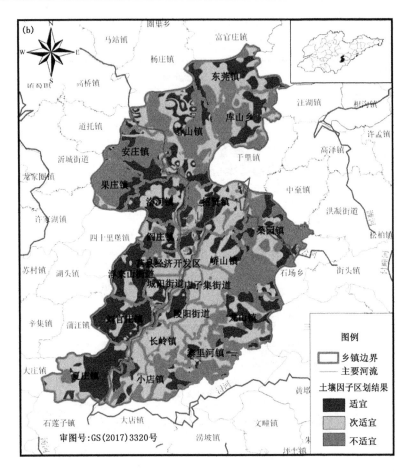

图 6-18　莒县土壤因子区划结果空间分布
（a 为不分级；b 为分级）

从土壤因子的角度，莒县茶树种植适宜程度较好，适宜、次适宜主要分布在东莞镇、库山乡、碁山镇大部、洛河镇、招贤镇、峤山镇大部、店子集街道、龙山镇、陵阳街道、寨里河镇大部、长岭镇、城阳街道、小店镇大部、夏庄镇、刘官庄镇、浮来山街道、莒县经济开发区、阎庄镇；不适宜区城镇较少，主要分布在果庄镇、安庄镇、桑园镇周围、峤山镇东部、碁山镇大部分，其他地区有少量分布。

（4）莒县茶树农业气候区划

综合气候、地形、土壤三大因子，茶树农业气候区划指数的计算公式如下。

$$Y = \lambda_1 Y_{气候} + \lambda_2 Y_{地形} + \lambda_3 Y_{土壤} \tag{6-8}$$

式中：$\lambda_1 = 0.600$，$\lambda_2 = 0.250$，$\lambda_3 = 0.150$。莒县茶树农业气候区划结果如图 6-19 所示。

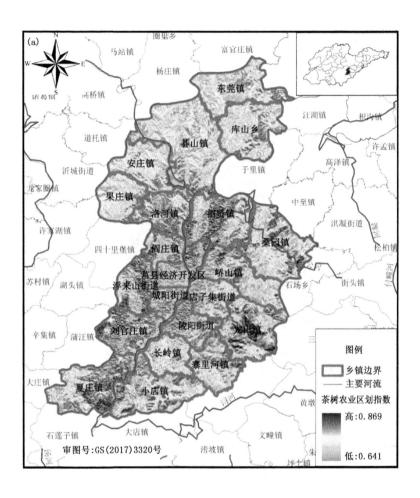

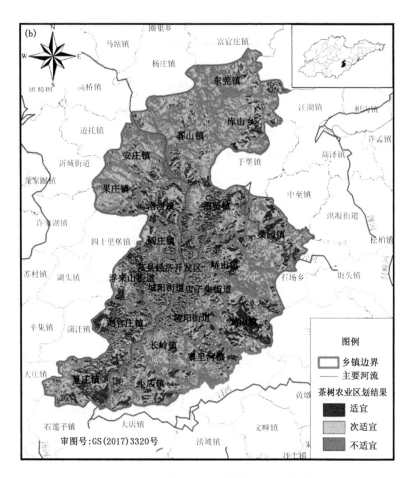

图 6-19　莒县茶树农业气候区划结果空间分布

（a 为分级；b 为不分级）

　　莒县茶树种植适宜性分布具有明显的空间差异性。总体来看，适宜区面积为 534.091 km²，所占比例为 27.355%；次适宜区，面积为 924.562 km²，所占比例为 47.355%；不适宜区面积为 493.768 km²，所占比例为 25.290%。

　　为了使区划更加精确，在考虑气候、地形、土壤三大因子区划的基础上，进一步考虑莒县的土地利用类型，即将林地、草地、水域、建设用地和未利用地剔除，得到莒县茶树精细化综合农业气候区划。莒县茶树精细化综合农业气候区划结果如图 6-20 所示。

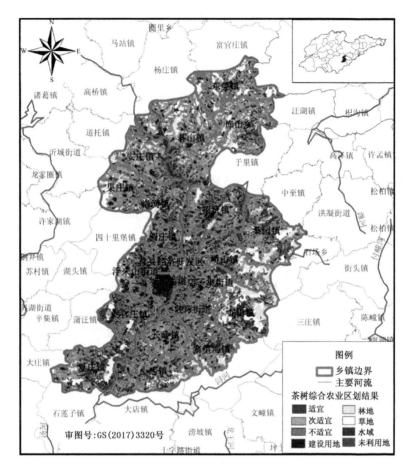

图 6-20　莒县茶树精细化综合农业气候区空间分布

　　适宜区与次适宜区主要分布在夏庄镇、小店镇、刘官庄镇、陵阳街道、长岭镇西部、龙山镇中部、店子集街道、城阳街道、浮来山街道、莒县经济开发区、峤山镇北部、阎庄镇、洛河镇、招贤镇；不适宜区主要分布在小店镇东部、赛里河镇南部、峤山镇东南、桑园镇四周、果庄镇、安庄镇、碁山镇、库山乡、东莞镇。

6.4.2　莒县小麦农业气候区划

　　小麦是山东省的主要粮食作物之一，历年种植面积为 5800 万亩，占全县耕地面积的二分之一，产量占粮食总产量的三分之一以上。小麦收成好坏，在全县粮食生产中具有举足轻重的地位。

6.4.2.1　区划因子的选择与权重确定

　　在影响小麦形成壮苗的诸因素中，温度是最主要的因素。因此，播种期早晚是能否形成壮苗的关键,必须适期播种。若播期过早,麦苗易徒长,冬前群体发展难以控制;土壤养分早期消耗过度,易形成先旺后弱的"老弱苗",易受病虫害、冻害等。日平均气温下降到 0 ℃进入越冬期,冬前大于 0 ℃,积温为 600~650 ℃·d,能满足小麦形成壮苗的要求,冬前积温相对较高,有利于提高冬小麦的冬前叶龄指数,使其安全越冬。冬季负积温影响小麦的春化作用;2 月下旬各地小麦开始返青,期间日平均温度稳定通过 3 ℃的日期主要影响冬小麦返青的早晚。

根据小麦生育期各阶段所需气象条件不同,选择了最可能影响小麦生长的 7 个气象要素作为小麦种植区的影响因子,并根据小麦对不同地形因子、土壤因子的适应性及影响程度不同,采用层次分析法(AHP)赋予不同权重,具体因子的选取及权重分配见图 6-21。

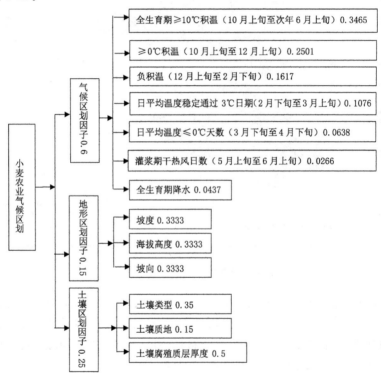

图 6-21 莒县小麦农业气候区划因子及权重分配

由于小麦地形区划和土壤区划所选因子与 6.4.1 茶树农业气候区划相同,空间分布完全一致,本节不再复述,详见 6.4.1.3 和 6.4.1.4。

6.4.2.2 莒县小麦气候区划因子的空间分布

(1)小麦全生育期(前一年 10 月上旬至次年 6 月上旬)≥10 ℃积温空间分布

全生育期≥10 ℃积温是小麦生长发育和产量形成的关键热量因子,全生育期

≥10 ℃积温越大,越有利于小麦的生长,因此在计算时将此因子进行极大值标准化处理。莒县小麦全生育期≥10 ℃积温空间分布如图 6-22 所示。

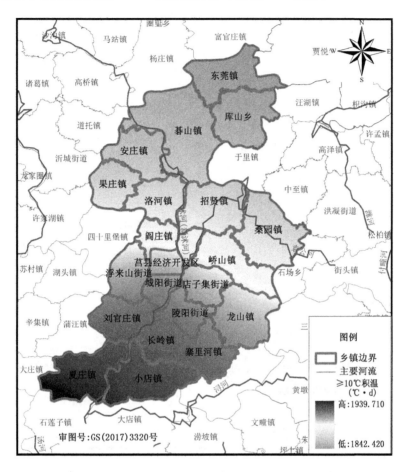

图 6-22　莒县小麦全生育期≥10 ℃积温空间分布

　　莒县小麦全生育期≥10 ℃积温分布特征基本表现为由山东省莒县西南部向东北部逐渐减少的趋势。全县最高值分布在西南部,最高值为 1939.710 ℃·d,夏庄镇、小店镇、刘家官庄镇等乡镇较高;逐渐向北部、东部减少,最低值为 1842.420 ℃·d。碁山镇大部、东莞镇西部、库山乡、安庄镇属于相对低值区。全县积温平均值1884.690 ℃·d,差值为 77.29 ℃·d,积温相差不大。碁山镇大部、东莞镇西部、库山乡、安庄镇属于相对低值区。

　　(2)小麦出苗—越冬期(10 月上旬至 12 月上旬)≥0 ℃积温空间分布

　　据研究,出苗—越冬期≥0 ℃积温直接影响小麦的冬前叶龄指标和安全越冬,对小麦产量的提高具有十分重要的作用,出苗—越冬期≥0 ℃积温越大,越有利于小麦

的生长,因此在计算时将此因子进行极大值标准化处理。莒县出苗—越冬期≥0 ℃
积温空间分布如图 6-23 所示。

图 6-23   莒县小麦出苗—越冬期≥0 ℃积温空间分布

莒县小麦出苗—越冬期日平均温度≥0 ℃积温总体来看南部高于北部,全县积温
最高值为 788.450 ℃·d,全县积温最低为 756.739 ℃·d,平均积温 773.312 ℃·d。
夏庄镇、小店镇、寨里河乡、陵阳街道、长岭镇、刘家官庄镇、属于相对高值区。相对
而言,北部的碁山镇、安庄镇、库山乡、东莞镇相对较低,最高值与最低值之差为
16.591 ℃·d,相差不大。

(3)小麦越冬—返青期(12 月上旬至次年 2 月下旬)负积温空间分布

小麦越冬—返青期负积温主要影响小麦的春化作用,越冬—返青期负积温越小,
越有利于小麦的生长,因此在计算时将此因子进行极小值标准化。莒县负积温空间
分布如图 6-24 所示。

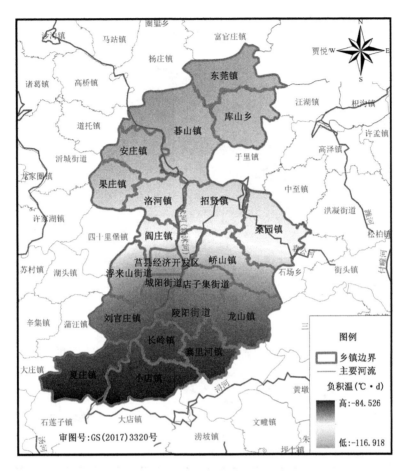

图 6-24 莒县小麦越冬—返青期负积温空间分布

    莒县小麦越冬—返青期负积温分布区域性明显,整体呈现西南部高于东北部的特点,负积温最小值为－116.918 ℃·d,最大值为－84.526 ℃·d,平均值为－100.708·d。主要体现受纬度、地形影响的特点。小店镇、夏庄镇、寨里河乡、长岭镇、刘家官庄镇、陵阳街道、龙山镇 处于高值区,最大值与最小值之差为 32.392 ℃·d,相差不大。

    (4)日平均温度稳定通过 3 ℃日期空间分布(2 月下旬至 3 月上旬)

    莒县 2 月下旬到 3 月上旬日平均温度稳定通过 3 ℃日期主要影响小麦返青的早晚,返青期日平均温度稳定通过 3 ℃日期越早,越有利于小麦的生长,因此在计算时将此因子进行极小值标准化处理。小麦返青期日平均温度稳定通过 3 ℃日期空间分布如图 6-25 所示。

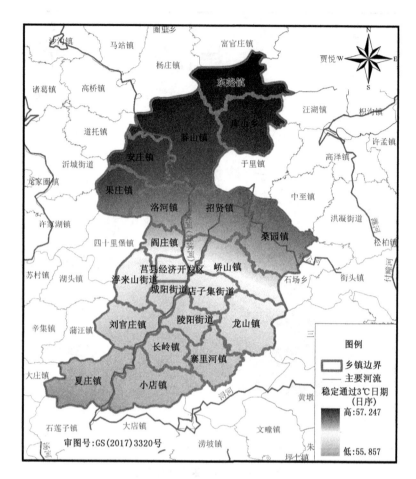

图 6-25 莒县小麦返青期日平均温度稳定通过 3 ℃出现日期(年内日序)空间分布

莒县小麦返青期日平均温度稳定通过 3 ℃日期出现时间自西南向东北方向逐渐延迟,但在碁山镇、安庄镇、库山乡、东莞镇、延迟较为明显。最高值为 57.247 d,最低值为 55.857 d,平均值为 56.649 d,山东省莒县日平均温度稳定通过 3 ℃日期最早与最晚相差 2 d 左右。

(5)小麦拔节—抽穗期(3 月下旬到 4 月下旬)平均温度≤0 ℃天数空间分布

小麦拔节—抽穗期平均温度≤0 ℃天数是春季小麦受低温霜冻害影响的关键指标,拔节—抽穗期≤0 ℃天数越少,越有利于小麦的生长,因此在计算时将此因子进行极小值标准化处理。莒县拔节—抽穗期≤0 ℃天数空间分布如图 6-26 所示。

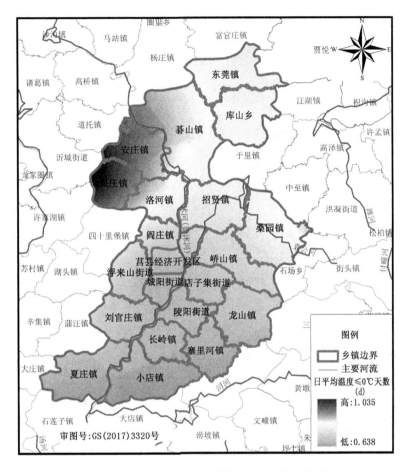

图 6-26 莒县小麦拔节—抽穗期≤0 ℃天数空间分布

莒县小麦拔节—抽穗期≤0 ℃天数自西南向东北方向逐渐增多。碁山镇部、安庄镇、果庄镇出现的日数较多,其他乡镇日数均较少,最高值为 1.035 d,最低值为 0.638 d,平均值为 0.761 d,差值为 0.397 d,全县出现≤0 ℃日数相差不大。

(6)小麦灌浆期(5 月上旬到 6 月上旬)干热风日数空间分布

干热风是影响小麦生长及产量形成的重要农业气象灾害,干热风日数越小,越有利于小麦的生长,因此在计算时将此因子进行极小值标准化处理。莒县小麦灌浆期轻干热风日数空间分布如图 6-27 所示。

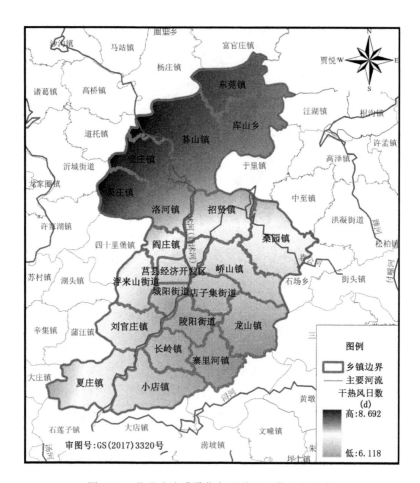

图 6-27　莒县小麦灌浆期轻干热风日数空间分布

　　莒县小麦灌浆期干热风出现的日数以莒县北部和西部边缘地区较多,其中北部区域最多,主要包括果庄乡、安庄镇、东莞镇、碁山镇、库山乡。东南部寨里河镇、陵阳街道、龙山镇、城阳街道地区最少。莒县小麦灌浆期轻干热风出现的日数最多为8.692 d,最少为6.118 d,平均为7.312 d,相差不大,为2 d左右。

　　(7)全生育期降水量空间分布

　　降水是小麦生长的重要条件,在小麦生长的过程中水分充足与否对小麦的产量有着极大的影响,全生育期降水量越大,越有利于小麦的生长,因此在计算时将此因子进行极大值标准化处理。莒县小麦全生育期降水量空间分布如图6-28所示。

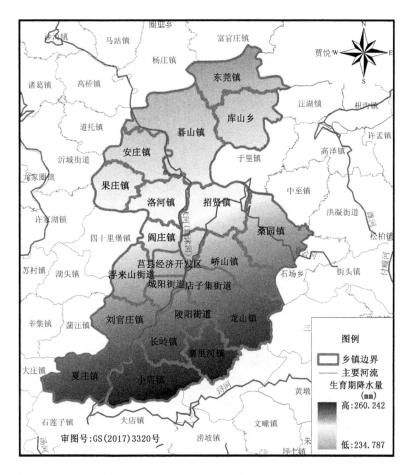

图 6-28　莒县小麦全生育期降水量空间分布

　　莒县小麦全生育期降水量自山东省莒县东北部向西南部逐渐减少。生育期降水量最少值出现在北部东莞镇、库山乡、碁山镇、安庄镇,为 234.787 mm;最多值为东南部的小店镇、寨里河镇、龙山镇、夏庄镇、长岭镇,降水量为 260.242 mm,全县降水量平均值为 249.169 mm,最多和最少相差约 26 mm,差异不大。

6.4.2.3　莒县小麦农业气候区划结果

（1）莒县小麦气候因子区划结果

　　将影响小麦生长发育的关键气候因子进行累加,其表达式为:

$$Y_{气候} = \sum_{i=1}^{7} \lambda_i X_i \qquad (i = 1, 2, 3, \cdots, 7) \tag{6-9}$$

式中:$Y_{气候}$表示小麦气候因子的种植适宜程度,X_i为气候因子,λ_i为权重,本研究中将所有气候因子按重要级别赋予权重。莒县小麦气候因子区划结果如图 6-29。

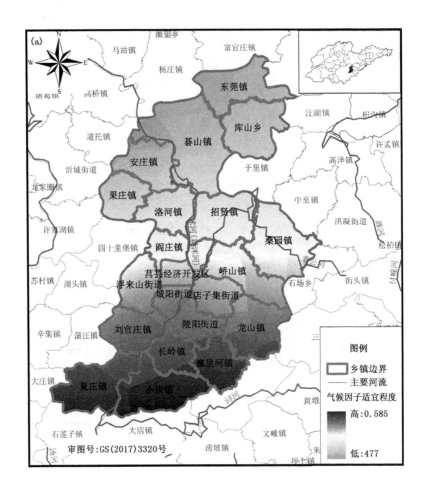

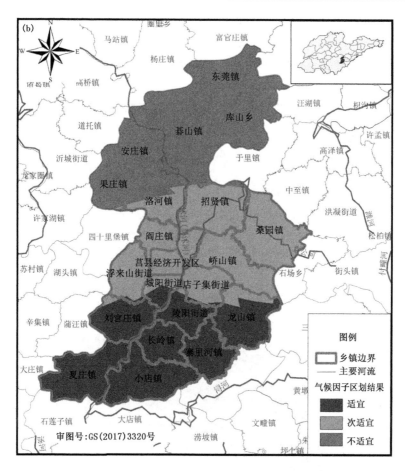

图 6-29　莒县小麦气候因子区划结果空间分布

（a 为不分级；b 为分级）

莒县小麦气候因子区划结果显示，莒县小麦种植气候适宜性总体呈现由南向北递减的趋势。夏庄镇、小店镇、长岭镇、寨里河镇、刘官庄镇、陵阳街道、龙山镇、城阳镇为适宜种植区；浮来山街道、店子集街道、莒县经济开发区、峤山镇、桑园镇、招贤镇、洛河镇南部为次适宜种植区；其他的区域为小麦不适宜种植区。总体来看，莒县小麦气候适应性整体水平较高。

（2）莒县地形和土壤因子区划结果

小麦地形因子区划和土壤因子区划选取因子及其权重和区划方法与 6.4.1 节茶树农业气候区划完全相同，结果一致，详见 6.4.1.5 节中的（2）和（3）部分。

（3）莒县小麦农业气候区划结果

综合气候、地形、土壤三大因子，其计算公式为：

$$Y = \lambda_1 Y_{气候} + \lambda_2 Y_{地形} + \lambda_3 Y_{土壤} \qquad (6-10)$$

式中:$\lambda_1 = 0.600$,$\lambda_2 = 0.150$,$\lambda_3 = 0.250$。

莒县小麦农业气候区划结果见图 6-30 所示。

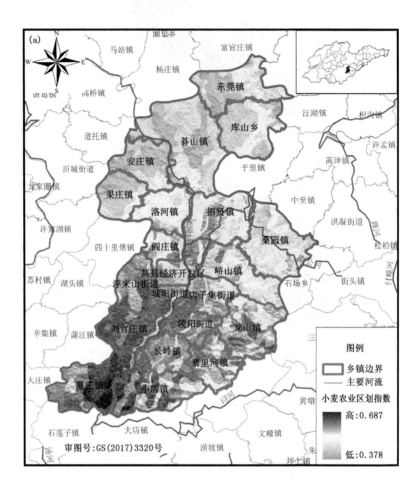

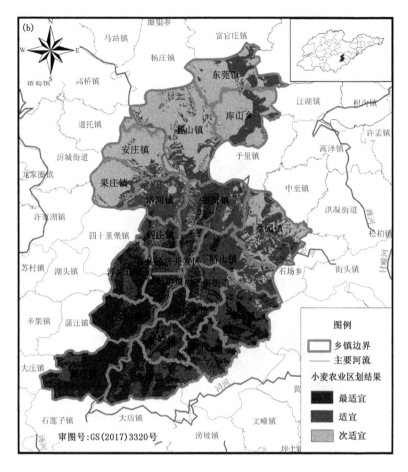

图 6-30 莒县小麦农业气候区划结果空间分布

（a 为不分级；b 为分级）

综合气候和地形、土壤因子，山东省莒县小麦适宜性整体水平较高，最适宜所占比例最大为 29.512%，面积为 576.199 km²；适宜区域所占比例为 42.099%，面积为 821.947 km²；南部适宜性高于北部，次适宜区区域所占比例为 28.389%，面积为 554.274 km²，主要分布在西北部的乡镇。

为了使区划更加精确，在考虑气候、地形、土壤三大因子区划的基础上，进一步考虑莒县的土地利用类型，即将林地、草地、水域、建设用地和未利用地剔除，得到莒县小麦精细化综合农业气候区划。莒县小麦精细化综合农业气候区划结果如图 6-31 所示。

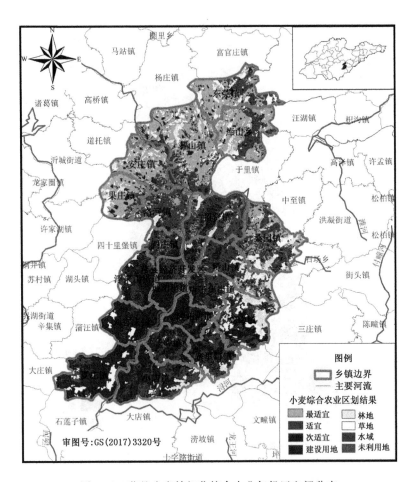

图 6-31　莒县小麦精细化综合农业气候区空间分布

具体分布为：夏庄镇、小店镇、长岭镇、寨里河镇、刘官庄镇、陵阳街道、龙山镇、店子集街道、城阳街道、浮来山街道、莒县经济开发区、阎庄镇、峤山镇西部、桑园镇大部、招贤镇、洛河镇为最适宜种植区和适宜种植区；东莞镇、库山乡、碁山镇、安庄镇北部、果庄镇、桑园镇大部分为小麦次适宜种植区。

6.4.3　莒县玉米农业气候区划

莒县位于中国玉米带的中心位置，属黄淮海平原夏玉米区，自然条件非常适合玉米生长。玉米全生育期分为播种期、七叶期、拔节期、抽雄期、开花期、吐丝期、灌浆期和成熟期主要发育阶段。玉米是主要粮食作物，又是重要的饲料作物和工业原料。

6.4.3.1　区划因子的选择与权重确定

玉米是喜温作物,全生育期都要求较高的温度。玉米生物学有效温度为 10 ℃。种子发芽要求温度为 6～10 ℃,低于 10 ℃发芽慢,16～21 ℃发芽旺盛,发芽最适温度为 28～35 ℃,40 ℃以上停止发芽。苗期能耐短期−3～−2 ℃的低温。拔节期要求温度为 15～27 ℃,开花期要求 25～26 ℃,灌浆要求 20～24 ℃。玉米的植株高,叶面积大,因此需水量也较多。玉米生长期间最适降水量为 410～640 mm,干旱影响玉米的产量和品质。一般认为夏季降水量低于 150 mm 的地区不适于种植玉米,而降水过多,影响光照,增加病害、倒伏和杂草危害,也影响玉米产量和品质的提高。抽穗前后是玉米需水关键期,期间的降水量对玉米生长发育影响较大;灌浆期对水分需求较大,且乳熟中后期的降水可以延长叶片功能,增加粒重。此外,灌浆期间光照及温度条件对玉米灌浆影响较大,光照条件越好,对玉米灌浆越有利;若温度小于15 ℃,则影响灌浆速率。玉米对土壤要求并不十分严格。土质疏松,土质深厚,有机质丰富的黑钙土、栗钙土和砂质壤土,pH 值在 6～8 范围内都可以种植玉米。

根据玉米生育期各阶段所需气象条件不同,选择了最可能影响玉米生长的 4 个气象要素作为玉米种植区划的影响因子,并根据玉米对不同土壤因子的适应性及影响程度不同,采用层次分析法(AHP)赋予不同权重,具体因子的选取及权重分配见图 6-32。

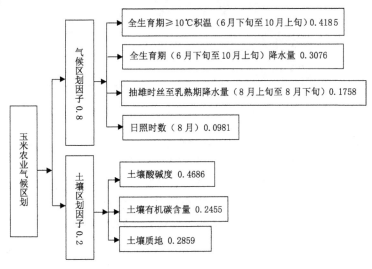

图 6-32　莒县玉米农业气候区划因子及权重分配图

6.4.3.2　莒县玉米气候区划因子的空间分布

(1)玉米全生育期(6 月下旬至 10 月上旬)≥10 ℃积温空间分布

莒县玉米全生育期≥10 ℃积温空间分布如图 6-33 所示,其分布特征表现为南

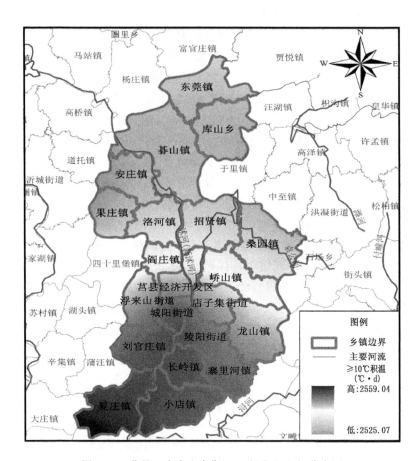

图 6-33　莒县玉米全生育期≥10 ℃积温空间分布图

部高于北部的特点。全县高值区主要分布在北部夏庄镇、小店镇、寨里河镇、长岭镇、刘官庄镇、陵阳街道、城阳街道，最高值为 2559.04 ℃·d；低值区主要包括北部东莞镇、库山乡、碁山镇、安庄镇、果庄镇、洛河镇、招贤镇、桑园镇，最低值为 2525.07 ℃·d，平均值为 2540.27 ℃·d。最高值与最低值相差 34.97 ℃·d，温差较小。

（2）玉米全生育期（6 月下旬至 10 月上旬）降水量空间分布

玉米的植株高，叶面积大，因此需水量也较多。玉米生长期间最适降水量为410～640 mm，因此玉米全生育期降水量越多时对玉米的产量和品质形成越有利。本研究计算时对此因子进行极大值标准化处理。莒县玉米全生育期降水量空间分布如图 6-34 所示。

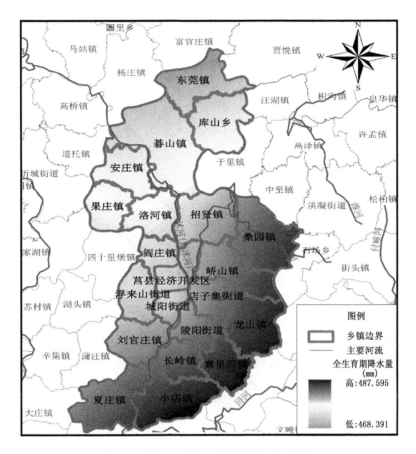

图 6-34　莒县玉米全生育期降水空间分布图

　　莒县玉米全生育期6月下旬至10月上旬降水总体上表现为自东南向西北减少的趋势，最高值分布在夏庄镇、小店镇、寨里河镇、长岭镇、龙山镇、陵阳街道、龙山镇、峤山镇、桑园镇，最大降水量为487.595 mm。降水量最低值出现在东莞镇、库山乡、碁山镇、安庄镇，最少降水量为468.391 mm，平均值为480.449 mm，玉米全生育期总降水量相差19.204 mm，总降水量相差不大。

　　（3）玉米抽雄吐丝—乳熟期（8月）降水量空间分布

　　抽雄吐丝前后是玉米需水关键期，期间的降水量对玉米生长发育影响较大；而灌浆期需水量较大，影响玉米的粒重，因此，抽雄吐丝至乳熟期降水量越多对玉米生长发育越好。本研究计算时对此因子进行极大值标准化处理。莒县玉米抽雄吐丝—乳熟期降水量空间分布如图6-35所示。

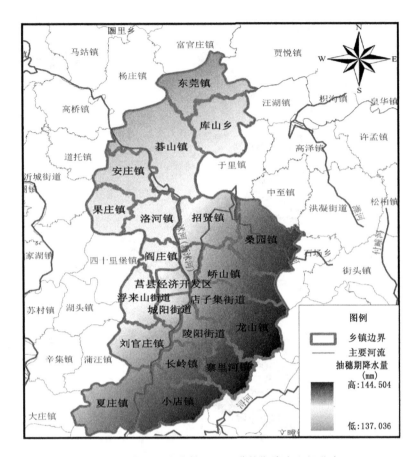

图 6-35　莒县玉米抽雄吐丝—乳熟期降水空间分布

　　莒县玉米 8 月份抽雄吐丝—乳熟期降水总体上表现为自东南向西北减少的趋势,最高值分布在夏庄镇、小店镇、寨里河镇、长岭镇、龙山镇、陵阳街道、龙山镇、峤山镇、桑园镇,最大降水量为 144.504 mm。降水量低值区出现在东莞镇、库山乡、碁山镇、安庄镇,最少值为 137.036 mm,平均降水量为 141.295 mm,玉米抽雄吐丝—乳熟期总降水量相差 7.468 mm,总降水量相差不大。

　　(4)玉米抽雄吐丝—乳熟期(8 月)日照时数空间分布

　　玉米抽雄吐丝至乳熟期光照及温度条件对玉米灌浆影响较大,光照条件越好,对玉米灌浆越有利。因此本研究计算时对此因子进行极大值标准化处理。莒县玉米抽雄吐丝—乳熟期日照时数空间分布如图 6-36 所示。

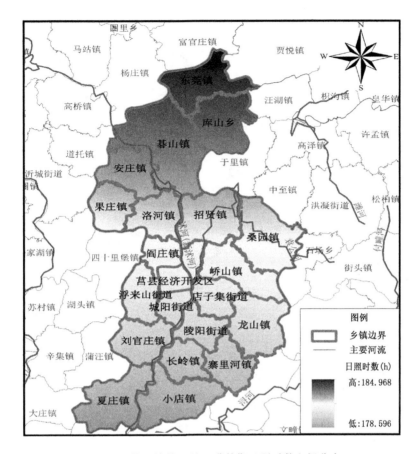

图 6-36　莒县抽雄吐丝－乳熟期日照时数空间分布

　　莒县日照时数分布呈现由南向北逐渐递增的规律,范围在 178.596～184.968 h,平均日照时数为 181.499 h,最高值与最低相差 6.372 h。北部的东莞镇、库山乡、碁山镇、安庄镇日照时数较多,属于高值区。低值区出现在莒县南部的夏庄镇、小店镇、寨里河镇、长岭镇、刘官庄镇、陵阳街道、龙山镇地区。

6.4.3.3　莒县玉米土壤区划因子空间分布

（1）莒县土壤酸碱度空间分布

　　土壤酸碱性影响着作物的生长,过酸或过碱都不适宜作物种植。莒县土壤酸碱度空间分布如图 6-37。

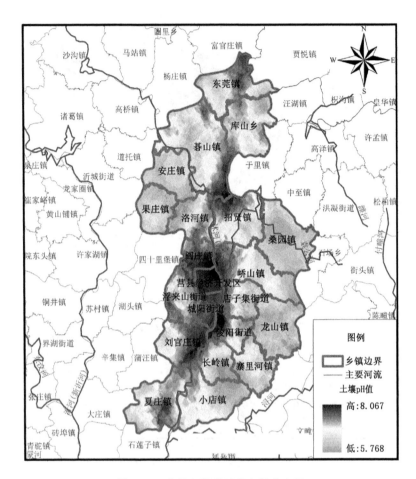

图 6-37 莒县土壤酸碱度空间分布图

山东省莒县土壤酸碱度存在空间差异,东部与西部偏低,中部偏高,莒县土壤酸碱度范围在 8.067~5.768,平均值为 6.912,高值区区主要在城阳街道、莒县经济开发区、刘官庄镇、阎庄镇,莒县土壤酸碱度范围在玉米适宜范围内,适宜玉米的种植。

(2)莒县土壤有机碳含量空间分布

有机碳层是指富含有机质的土壤表层,含有较多的为植物生长所必需的营养元素。土壤肥力的高低与有机碳的含量密切相关,因此有机碳含量的状况,常作为评价土壤肥力的标准之一。莒县土壤有机碳含量空间差异性不大,基本介于 0~5 之间。土壤有机碳含量空间分布如图 6-38。

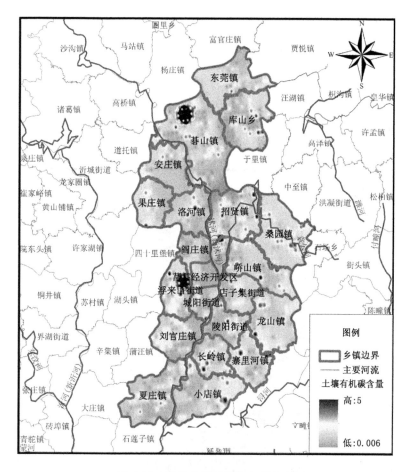

图 6-38　莒县有机碳含量空间分布

（3）莒县土壤质地空间分布

土壤质地是根据土壤的颗粒组成划分的土壤类型。土壤质地一般分为砂土、壤土和黏土三类，是土壤物理性质之一，由于不同质地的土壤养分、透水性和土壤理化性质不同，因而不同土壤质地对玉米有一定的影响。莒县土壤质地分为黏土、黏质壤土、砂质黏壤土、粉壤土、砂土、壤土、沙壤土、壤质砂土 8 类，其中以壤土分布最广，占整个总面积的绝大部分，在全县分布较广泛。莒县土壤质地空间分布见 6.4.1.4 及图 6-13。

6.4.3.4 莒县玉米农业气候区划

(1)莒县玉米气候因子区划结果

将影响玉米生长发育的关键气候因子进行累加,其表达式为:

$$Y_{气候} = \sum_{i=1}^{4} \lambda_i X_i \qquad (i = 1,2,3,4) \tag{6-11}$$

式中:$Y_{气候}$ 表示玉米气候因子的种植适宜程度,X_i 为气候因子,λ_i 为权重。莒县玉米气候因子区划结果如图 6-39 所示。

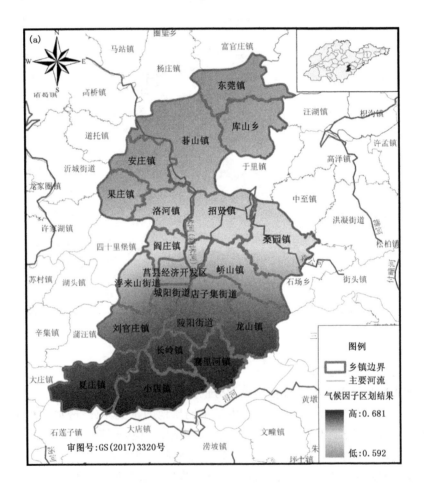

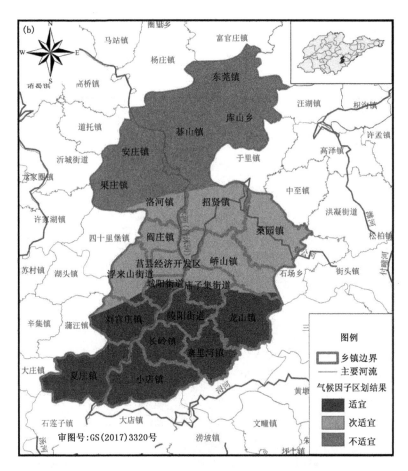

图 6-39　莒县玉米气候因子区划结果空间分布

（a 为不分级；b 为分级）

莒县玉米气候因子区划结果显示，莒县玉米种植适宜性总体表现为由南部向北部递减的趋势。其中，南部的夏庄镇、小店镇、寨里河镇、长岭镇、刘官庄镇、陵阳街道、龙山镇、城阳街道南部、店子集街道南部为适宜种植区；浮来山街道、莒县经济开发区、峤山镇、阎庄镇、桑园镇、招贤镇、洛河镇南部为次适宜种植区；不适宜种植区有果庄镇、安庄镇、碁山镇、库山乡、东莞镇。

（2）莒县玉米土壤因子区划结果

莒县玉米土壤因子区划结果是所有土壤因子的综合，是所有土壤因子标准化并乘以对应权重后相加之和，其表达式为

$$Y_{土壤} = \lambda_1 X_1 + \lambda_2 X_2 + \lambda_3 X_3 \tag{6-12}$$

式中：X_1 表示土壤酸碱度，λ_1 则表示其对应的权重 0.4686；X_2 表示土壤有机碳含量，λ_2 表示对应权重 0.2455；X_3 表示土壤质地，λ_3 表示对应权重 0.2859。莒县土壤因子区划空间分布如图 6-40 所示。

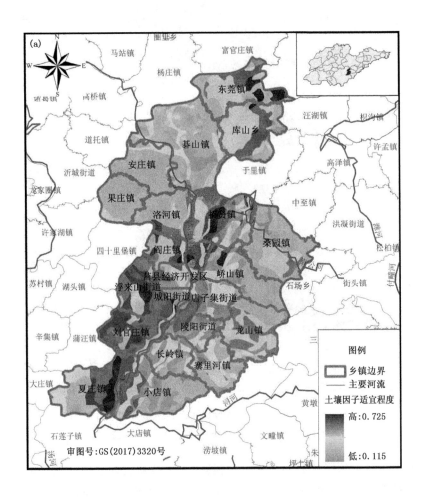

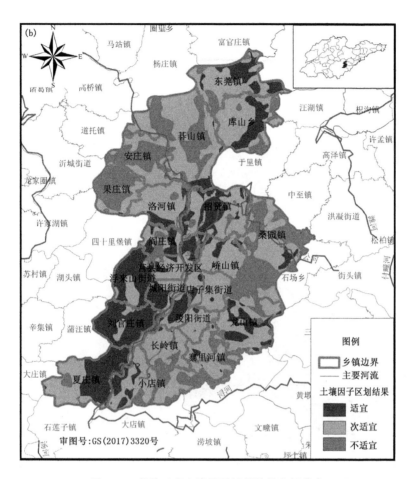

图 6-40　莒县玉米土壤因子区划结果空间分布

（a 为不分级；b 为分级）

从土壤因子的角度，莒县玉米种植适宜程度较好，适宜、次适宜区主要分布在东莞镇部、碁山镇大部、洛河镇、招贤镇、峤山镇大部、店子集街道、龙山镇、陵阳街道、寨里河镇大部、长岭镇、城阳街道、小店镇大部、夏庄镇、刘官庄镇、浮来山街道、莒县经济开发区、阎庄镇；不适宜区城镇较少，主要分布在果庄镇、安庄镇、桑园镇周围、峤山镇东部、库山乡、碁山镇大部分，其他地区有少量分布。

（3）莒县玉米农业气候区划结果

综合气候、土壤两大因子，其计算公式为

$$Y = \lambda_1 Y_{气候} + \lambda_2 Y_{土壤} \qquad (6-13)$$

式中：$\lambda_1 = 0.8$；$\lambda_2 = 0.2$。莒县玉米农业气候区划结果如图 6-41 所示。

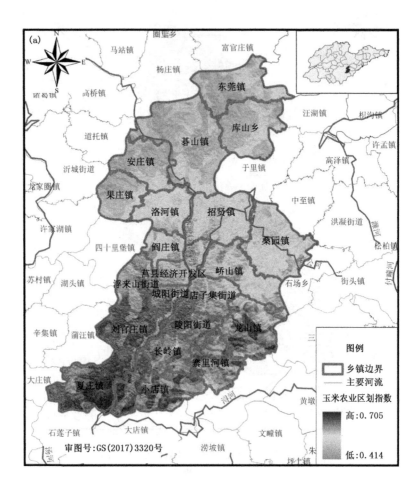

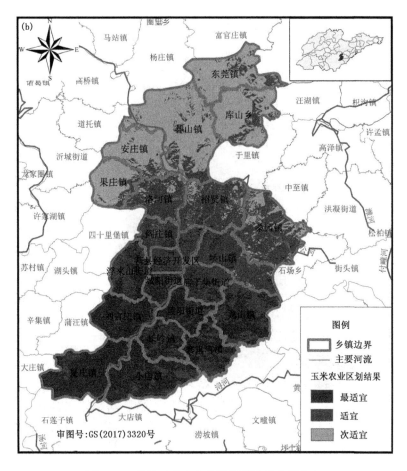

图 6-41 莒县玉米农业气候区划结果空间分布

（a 为不分级；b 为分级）

莒县玉米种植适宜性分布具有明显的空间差异性。总体来看,莒县南部地区的适宜性较强,呈现出由南向北逐渐递减的趋势。最适宜区面积为 621.230 km²,所占比例为 31.818%;适宜区面积为 761.022 km²,所占比例为 38.979%;次适宜区面积为 570.139 km²,所占比例为 29.202%。

为了使区划更加精确,在考虑气候和土壤因子区划的基础上,进一步考虑莒县的土地利用类型,即将林地、草地、水域、建设用地和未利用地剔除,得到莒县玉米精细化综合农业气候区划。莒县玉米精细化综合农业气候区划结果如图 6-42 所示。

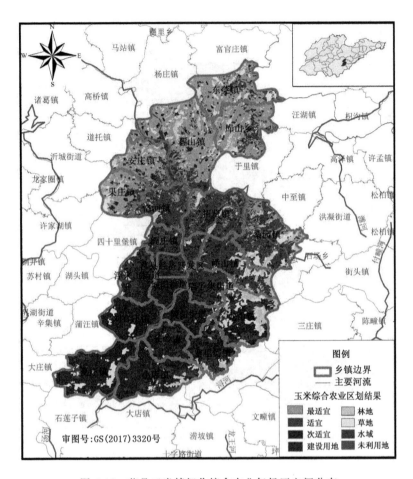

图 6-42　莒县玉米精细化综合农业气候区空间分布

　　莒县玉米种植最适宜区主要分布在：南部的夏庄镇、小店镇、寨里河镇、长岭镇、刘官庄镇、陵阳镇、龙山镇、店子集街道南部、城阳街道、浮来山街道。适宜区主要分布在莒县中部地区，主要包括浮来山街道、莒县经济开发区、峤山镇、阎庄镇、桑园镇、招贤镇、洛河镇。次适宜区主要分布山东省莒县北部地区，分布在东莞镇、库山乡、碁山镇、安庄镇、果庄镇，这些地区夏季降水量相对较少，次适宜种植农作物，所以这些地区适宜性较差。

第 7 章　气象灾害风险区划

7.1　资料来源

气象数据选取了莒县 1986—2015 年的降水量及降水距平百分率,数据来源于山东省气象局。研究中所选用的其他分析指标如农作物播种面积、GDP 等数据来自莒县 2016 年统计年鉴。

7.2　研究方法

7.2.1　灾害风险评估原理

基于自然灾害风险形成理论,气象灾害风险是由危险性(致灾因子)、敏感性(孕灾环境)、脆弱性(承灾体)和抗灾能力四部分共同形成。每个因子又是由一系列子因子组成。其表达式为:

$$灾害风险 = f(危险性、敏感性、脆弱性、防灾减灾能力) \tag{7-1}$$

①致灾因子危险性:凡是有可能导致灾害发生的因素均可称为致灾因子。存在于成灾环境中的致灾因子大多数是某种自然现象和时空规律的反常,或者自然界物质、能量交换过程中出现的某种异常。一般危险性越大,气象灾害的风险也越大。

②孕灾环境敏感性:是指可能造成气象灾害的自然环境因素。灾害成灾环境主要包括以下几方面:大气环流和天气系统、水文系统(流域、水系、水温变化等)、土壤因素(土壤类型、质地、持水量等)、地形地貌(海拔、高差、走向、形态等)和植被状况(植被类型、覆盖度、分布等)。这些背景因素通常被理解为敏感性。孕灾环境自然要素变异程度越大,其灾害风险也越大。

③承灾体脆弱性:承灾体是致灾因子作用的对象,是蒙受灾害的实体。灾害只有作用在相应的对象即人类及其社会经济活动时,才能够形成灾害。具体是指在给定危险地区存在的所有可能受到致灾因子威胁的对象,由于潜在的危险因素而造成的危害或损失程度,综合反映了气象灾害的损失程度。一般承灾体的脆弱性越低,灾害

损失越小,灾害风险也越小,反之亦然。承灾体脆弱性的大小,既与其承灾体的类型、结果等有关,也与抗灾能力有关。

④防灾减灾能力:是指各种用于防御和减轻气象灾害的各种管理措施和对策,包括管理能力、减灾投入、资源准备等。管理措施得当和管理能力强,可能遭受潜在损失就越小,气象灾害的风险越小。

7.2.2 因子标准化

研究中,由于所选因子的量纲不同,所以,要将因子进行标准化。本研究根据具体情况,采用极大值标准化和极小标准化方法。表示式为

极大值标准化:

$$X'_{ij} = \frac{|X_{ij} - X_{\min}|}{X_{\max} - X_{\min}} \tag{7-2}$$

极小值标准化:

$$X'_{ij} = \frac{|X_{\max} - X_{ij}|}{X_{\max} - X_{\min}} \tag{7-3}$$

式中:X_{ij}为第i个因子的第j项指标;X'_{ij}为去量纲后的第i个因子的第j项指标;$X_{\min}$和$X_{\max}$分别为该指标的最小值和最大值。公式(7-2)和公式(7-3),根据区划中因子与灾害强度的关系而选择。如果因子与灾害强度成正比,选用式(7-2),反之,选用公式(7-3)。

7.2.3 加权综合评价法

加权综合评价法综合考虑了各个因子对总体对象的影响程度,是把各个具体的指标的优劣综合起来,用一个数值化指标加以集中,表示整个评价对象的优劣,因此,这种方法特别适用于对技术、策略或方案进行综合分析评价和优选,是目前最为常用的计算方法之一。表达式为:

$$C_{vj} = \sum_{i=1}^{m} Q_{vij} W_{ci} \tag{7-4}$$

式中:C_{vj}评价因子的总值,Q_{vij}是对于因子j的指标($Q_{ij} \geqslant 0$),W_{ci}是指标i的权重值($0 \leqslant W_{ci} \leqslant 1$),通过层次分析法(AHP)计算得出,$m$是评价指标个数。

对于综合风险指数,以干旱风险为例,表达式为:

$$Y = \sum_{i=1}^{4} \lambda_i X_i \quad (i=1,2,3,4) \tag{7-5}$$

式中:Y表示干旱综合风险指数,X_i为影响干旱危险性、敏感性、脆弱性和防灾减灾能力指数,λ_i为权重,n为因子个数($n=4$)。

7.2.4 层次分析法

层次分析法(Analytic Hierarchy Process,AHP)是对一些较为复杂、模糊的问题

做出决策的简易方法,特别适用于那些难于完全定量分析的问题。它是美国运筹学家、匹兹堡大学萨第(T. L. Saaty)教授于 20 世纪 70 年代初提出的一种简便、灵活而又实用的多准则决策方法。层次分析法是一种定性与定量相结合的决策分析方法。决策法通过将复杂问题分解为若干层次和若干因素,在各因素之间进行简单的比较和计算,就可以得出不同方案重要性程度的权重,为最佳方案的选择提供依据。其特点是:思路简单明了,它将决策者的思维过程条理化、数量化,便于计算;所需要的定量化数据较少,但对问题的本质,问题所涉及的因素及其内在关系分析比较透彻、清楚。

7.2.5　气象资料插值方法

本研究根据实际情况,分别采用线性回归方法、趋势面拟合方法及 Kriging 插值方法。其中线性回归方法是对气象站中所缺省数据进行的插值,Kriging 插值是对气象因子进行的 GIS 空间插值方法。原理分别如下。

(1)线性回归方法

线性回归模型描述两个要素之间的线性相关关系,如两个要素间存在显著的相关关系,就可以建立二者之间的线性回归方程,其表达式为:

$$\hat{y} = a + bx \tag{7-6}$$

式中:x 是自变数,$\hat{y}$ 是和 x 相对应的依变数的点估计值。a 和 b 为回归系数。

(2)趋势面拟合方法

趋势面分析是利用数学曲面模拟地理系统要素在空间上的分布及变化趋势的一种数学方法,实质上是通过回归分析原理,运用最小二乘法拟合一个二维非线性函数,模拟地理要素在空间上的分布规律,表达式为:

一阶趋势面模型:

$$z = a_0 + a_1 x + a_2 y \tag{7-7}$$

二阶趋势面模型:

$$z = a_0 + a_1 x + a_2 y + a_3 x^2 + a_4 xy + a_5 y^2 \tag{7-8}$$

式中:z 为地理要素,x、y 为影响地理要素的基本因子。

(3)Kriging 插值方法

Kriging 插值是根据一个区域内外若干信息样本的某些特征数据值,对该区域做出一种线性无偏和最小估计方差的估计方法。从数学角度来说,是一种求最优线性无偏内插估计量的方法。Kriging 方法的适用范围为区域化变量存在空间相关性,即如果变异函数和结构分析的结果表明区域化变量存在空间相关性,则可以利用该方法进行内插或外推。其实质是利用区域化变量的原始数据和变异函数的结构特点,对未知样点进行线性无偏、最优估计。Kriging 方法是通过对已知样本点赋权重来求得未知样点的值,表示为:

$$Z(x_0) = \sum_{i=0}^{n} \omega_i Z(x_i) \tag{7-9}$$

式中：$Z(x_0)$ 为未知样点的值，$Z(x_i)$ 为未知样点周围的已知样本点的值，ω_i 为第 i 个已知样本点对未知样点的权重，n 为已知样本点的个数。与传统插值法最大的不同是，在赋权重时，Kriging 方法不仅考虑距离，而且通过变异函数和结构分析，考虑了已知样本点的空间分布及与未知样点的空间方位关系。

　　本研究过程中，气象因子均采用普通 Kriging 插值方法，总人口插值采用密度空间模型插值，对于脆弱性、敏感性、防灾减灾能力中的社会经济指标均采用在各区划内平均分配栅格的原则，所采用的栅格分辨率为 100 m×100 m。

7.3　莒县干旱灾害风险评价与区划

7.3.1　莒县干旱灾害风险评价与区划因子选取

　　干旱灾害风险区划危险性、敏感性、脆弱性、防灾减灾能力四个指标选取及权重值见图 7-1 所示，其权重值通过层次分析法（AHP）确定。

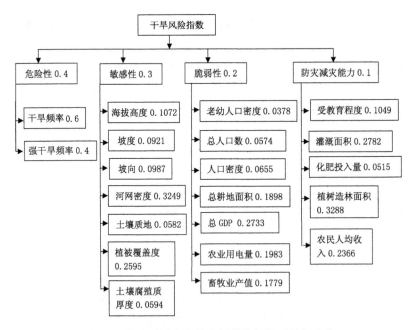

图 7-1　莒县干旱灾害风险评价指标体系及权重值

7.3.2　莒县干旱灾害危险性评价与区划

7.3.2.1　莒县干旱危险性因子分布特征

（1）干旱频率空间分布

干旱出现的频率越高，发生干旱的危险性越大，莒县干旱频率空间分布如图 7-2 所示。

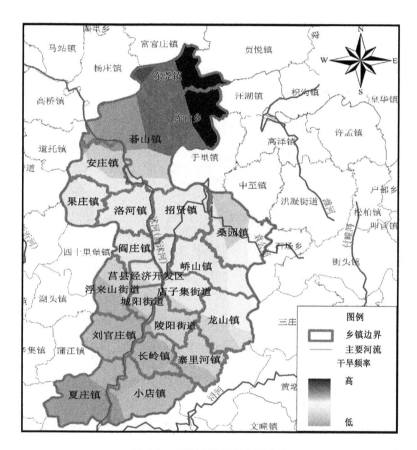

图 7-2　莒县干旱频率空间分布

莒县干旱频率北部高于南部，较高的城镇有东莞镇、库山乡、碁山镇、安庄镇；相对较低的城镇有夏庄镇、小店镇、刘官庄镇、长岭镇、寨里河镇。

（2）强干旱频率空间分布

强干旱出现频率越高，发生干旱的危险性越大，莒县强干旱频率空间分布如图 7-3 所示。

莒县强干旱频率北部东莞镇、库山乡相对较高,其他乡镇较低。

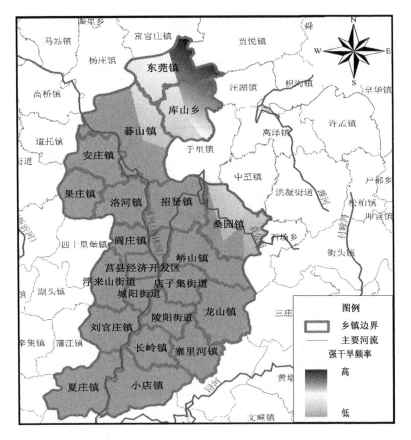

图 7-3　莒县强干旱频率空间分布

7.3.2.2　莒县干旱危险性区划结果

确定干旱的指标为干旱频率和强干旱频率,将影响干旱危险性关键因子进行累加,其表达式为:

$$Y_{危险性} = \sum_{i=1}^{2} \lambda_i X_i \quad (i = 1,2) \tag{7-10}$$

式中:$Y_{危险性}$表示干旱危险性指数,X_i为影响干旱危险性关键因子,λ_i为权重,本研究中所有因子的权重见图 7-1。采用标准差分级法对干旱危险性指数进行等级划分,结果见表 7-1。

表 7-1　莒县干旱灾害危险性等级划分标准

危险性	0.008～0.031	0.031～0.063	0.063～0.103
等级	低危险性	中危险性	高危险性

莒县干旱灾害危险性风险区划见图 7-4。

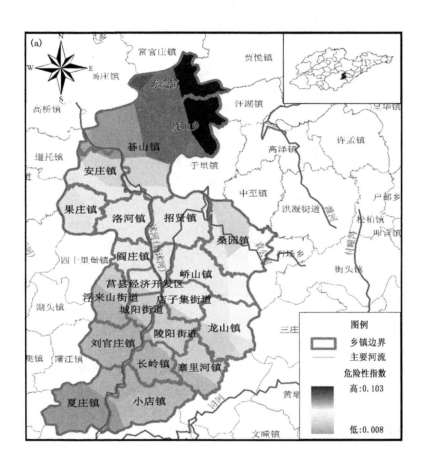

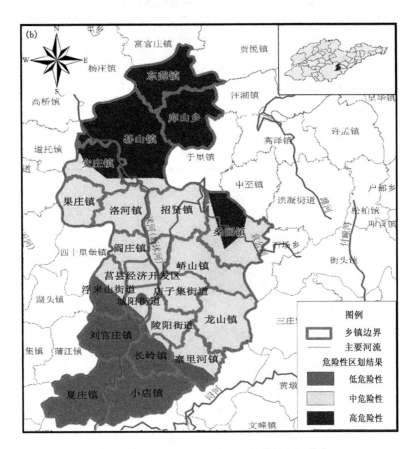

图 7-4　莒县干旱灾害危险性区划结果空间分布

（a 不分级；b 分级）

　　莒县干旱危险性分布特征总体表现为由东南向北递减的趋势,高危险性面积占26.776％,分布在东莞镇、库山乡、碁山镇、安庄镇北部、桑园镇北部;中危险性面积占49.019％,分布在果庄镇、洛河镇、招贤镇、阎庄镇、莒县经济开发区、峤山镇、店子集街道、城阳街道、陵阳街道、寨里河镇;低危险性面积占 24.205％,分布在浮来山街道西南、刘官庄镇、长岭镇、小店镇、夏庄镇。

7.3.3　莒县干旱灾害孕灾环境敏感性评价与区划

7.3.3.1　莒县干旱敏感性因子分布特征

　　（1）莒县海拔高度空间分布

　　海拔高度越高,越容易造成干旱,莒县海拔高度空间分布如图 7-5 所示。莒县地势北高南低,四周环山,中间丘陵、平原、洼地交接,海拔在 80～591 m。

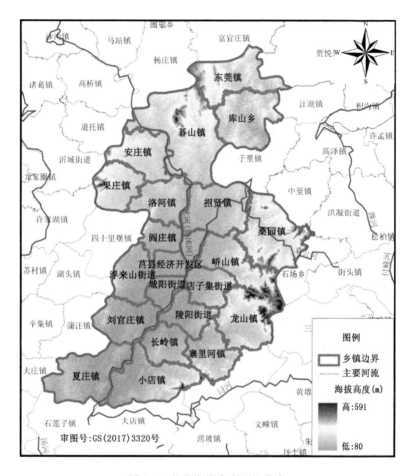

图 7-5　莒县海拔高度空间分布

（2）莒县坡度空间分布

坡度越大，越容易形成干旱，莒县坡度空间分布如图 7-6 所示。莒县地势较为平坦，全县坡度最高为 30.432°，莒县北部、东部坡度较高，其他地区较为平坦。

（3）莒县坡向空间分布

向阳坡比阴坡光照充足，容易形成干旱，莒县各坡向空间分布如图 7-7 所示。莒县地势北部、东部较高，根据坡向的特征，将坡向分级并赋予分值，如表 7-2。

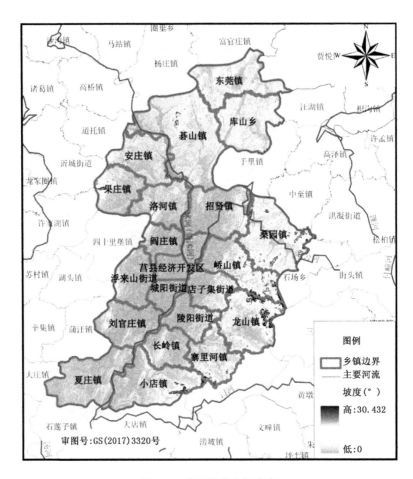

图 7-6　莒县坡度空间分布

表 7-2　坡向分级及分值

坡向	无坡	北	东北	西北	东	西	东南	西南	正南
分值	9	8	7	6	5	4	3	2	1

（4）莒县河网密度空间分布

河网密度越大，越不容易形成干旱，莒县河网密度分布见图 7-8。

图 7-7 莒县坡向空间分布

莒县主要有沭河、潍河、绣珍河、茅埠河、袁公河、洛河等 26 条。沭河经沂水县境流入莒县碁山镇,蜿蜒南流,至夏庄镇东南出境,境内段长为 76.5 km,流域面积为 1718.2 km²,丰水年平均流量为 27.3 m³/s,枯水年为 0.6 m³/s。潍河于东莞镇后石崮后村流入莒境,曲折南流到库山乡库山村南与其南源石河水汇合后,东南流入五莲县境,境内段长为 18 km,流域面积为 162 km²。

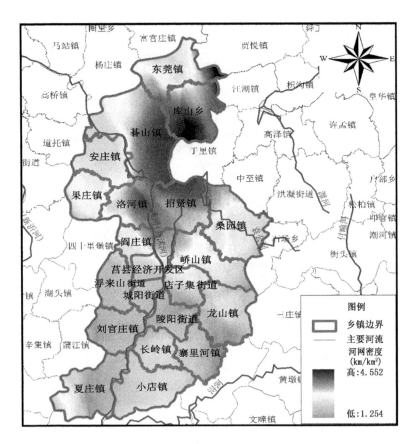

图 7-8　莒县河网密度分布图

(5)莒县土壤质地空间分布

土壤质地是根据土壤的颗粒组成划分的土壤类型。土壤质地一般分为砂土、壤土和黏土三类,是土壤物理性质之一,不同质地的土壤养分、透水性和土壤理化性质不同,莒县土壤质地如图 7-9 所示。

莒县土壤质地分为黏土、壤质砂土、壤土、沙壤土、黏质壤土、砂土、砂质黏壤土、粉壤土 8 类,壤土占总面积的绝大部分,在全市分布较广泛;其他土壤均匀分布在全县各镇。将土壤质地赋予分值,如表 7-3。

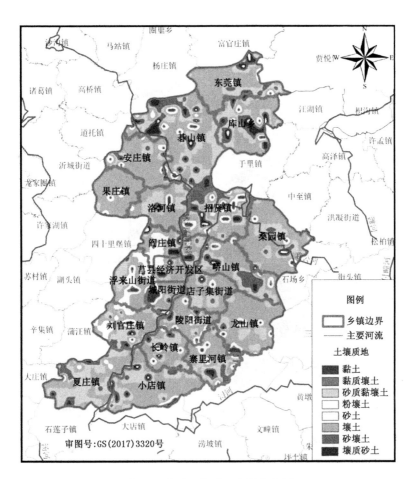

图 7-9　莒县土壤质地空间分布图

表 7-3　土壤质地综合评分

土壤质地	综合评分	土壤质地	综合评分
砂土	1	壤土	5
砂质黏壤土	4	粉壤土	6
沙壤土	2	黏土	8
壤质砂土	3	黏质壤土	7

（6）莒县土壤腐殖质厚度空间分布

腐殖质层是指富含腐殖质的土壤表层,含有较多的为植物生长所必需的营养元素,特别是氮素。莒县土壤腐殖质厚度空间分布如图 7-10。

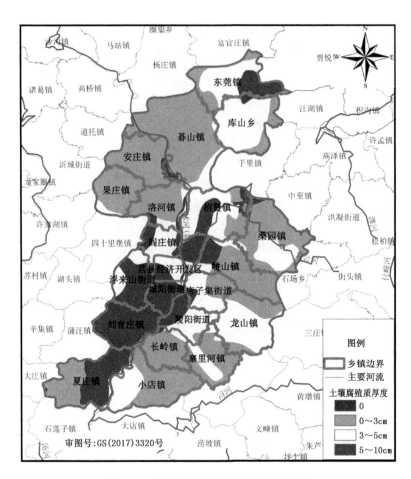

图 7-10　莒县土壤腐殖质厚度空间分布

莒县土壤腐殖质厚度空间差异性较大,但各乡镇间腐殖质厚度相差较小,介于 0～10 cm。将土壤腐殖质厚度赋予分值如表 7-4。

表 7-4　土壤腐殖质厚度分值

腐殖质厚度	0 cm	0～3 cm	3～5 cm	5～10 cm	10～15 m	15～20 m	>20 cm
分值	0	1	2	3	4	5	6

(7)莒县植被覆盖度空间分布

莒县植被覆盖度空间分布如图 7-11 所示。莒县植被覆盖度整体较高,城阳街道较低。

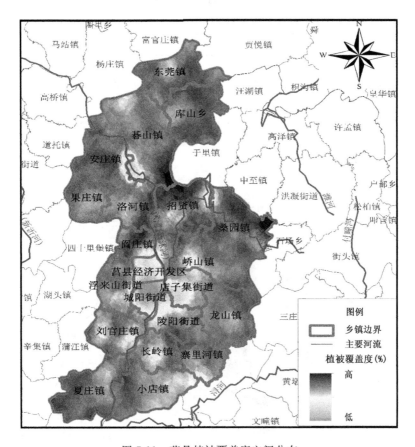

图 7-11　莒县植被覆盖度空间分布

7.3.3.2　莒县干旱敏感性区划结果

干旱成灾环境敏感性指能促进干旱形成及程度加重地形地貌、土壤、植被等多种因素。将影响干旱敏感性关键因子进行累加,其表达式为:

$$Y_{\text{敏感性}} = \sum_{i=1}^{7} \lambda_i X_i \quad (i = 1, 2, 3, \cdots, 7) \tag{7-11}$$

式中:$Y_{\text{敏感性}}$表示干旱敏感性指数,X_i为影响干旱敏感性关键因子,λ_i为权重,本研究中所有因子的权重见图 7-1。采用标准差分级法对干旱敏感性指数进行等级划分,结果见表 7-5。

表 7-5　莒县干旱敏感性等级划分标准

敏感性	0.351~0.472	0.472~0.518	0.518~0.653
等级	低敏感性	中敏感性	高敏感性

莒县干旱灾害孕灾环境敏感性风险区划结果见图 7-12。

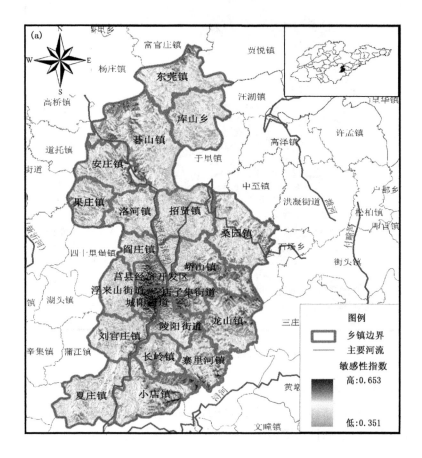

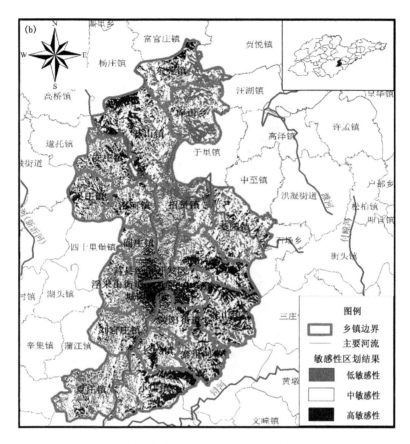

图 7-12 莒县干旱灾害敏感性区划

（a 为不分级；b 为分级）

莒县干旱灾害孕灾体敏感性东部和西北部较高,高孕灾体敏感性主要分布在城阳街道、莒县经济开发区、其他各镇均有分布,占莒县总面积的 24.829％;中敏感性、低敏感性均匀分布在莒县各镇,分别占莒县总面积的 50.991％、24.180％。

7.3.4 莒县干旱灾害承灾体脆弱性评价与区划

7.3.4.1 莒县干旱脆弱性各因子分布特征

（1）总人口数空间分布

人口越多的地方越容易受到灾害的影响。莒县总人口分布见图 7-13。从全县来看,碁山镇、城阳街道、招贤镇、刘官庄镇、夏庄镇人数相对较多,库山乡、果庄镇、莒县经济开发区、长岭镇人数相对较少。

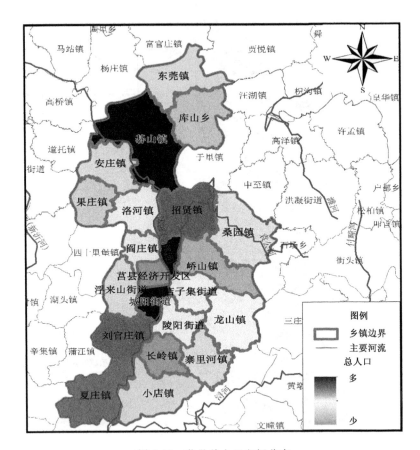

图 7-13 莒县总人口空间分布

（2）莒县人口密度空间分布

人口密度越大，同样干旱情景下，脆弱性越大。莒县人口密度空间分布如图7-14所示。莒县人口密度较高的城镇有城阳街道、店子集街道；人口密度较小的城镇有东莞镇、库山乡、安庄镇、果庄镇、桑园镇、莒县经济开发区、龙山镇、长岭镇、小店镇。

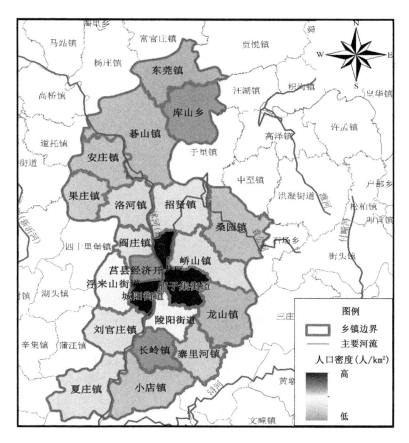

图 7-14　莒县人口密度空间分布

（3）莒县老幼人口密度空间分布

老幼人口密度越大，同样干旱情景下，脆弱性越大。莒县老幼人口密度空间分布如图 7-15 所示。莒县老有人口密度较大的城镇有陵阳街道、东莞镇；密度较小的城镇有库山乡、碁山镇、招贤镇、桑园镇、阎庄镇、城阳街道、刘官庄镇、峤山镇、龙山镇、长岭镇。

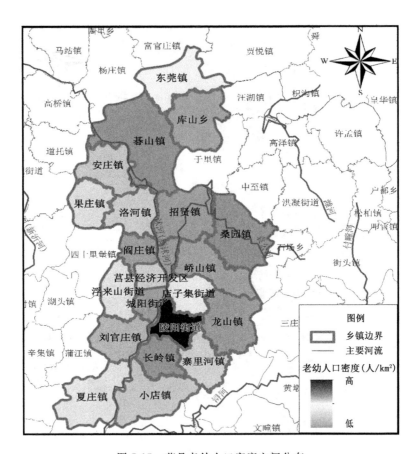

图 7-15　莒县老幼人口密度空间分布

（4）莒县总 GDP 空间分布

GDP 越大,同样干旱情景下,脆弱性越大。莒县总 GDP 空间分布如图 7-16 所示。

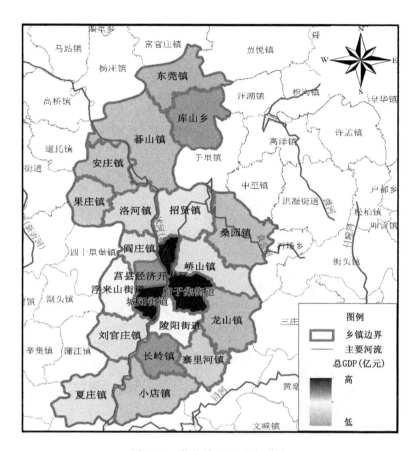

图 7-16　莒县总 GDP 空间分布

　　莒县总 GDP 相对较高的城镇有城阳街道、店子集街道、浮来山街道、刘官庄镇、陵阳街道;相对较低的城镇有东莞镇、库山乡、碁山镇、安庄镇、果庄镇、桑园镇、莒县经济开发区、长岭镇、小店镇、龙山镇。

　　(5)莒县总耕地面积空间分布

　　耕地面积越大,受干旱影响越大,由于在 2016 年莒县统计年鉴中没有查阅到耕地面积数据,因此本因子计算时利用农用柴油使用量进行代替。莒县农用柴油使用量空间分布如图 7-17 所示。

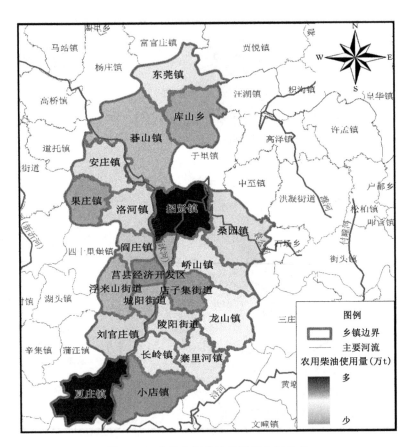

图 7-17　莒县农用柴油使用量空间分布

　　莒县农用柴油使用量相对较多的城镇有招贤镇、夏庄镇、库山乡、龙山镇、洛河镇;柴油使用量相对较少的城镇有小店镇、店子集街道、果庄镇、莒县经济开发区。

　　(6)莒县农业用电量空间分布

　　干旱会导致农业用电量紧张,莒县农业用电量空间分布如图 7-18 所示。

　　莒县农业用电量相对较多的城镇有夏庄镇、莒县经济开发区;较低的城镇有东莞镇、库山乡、碁山镇、安庄镇、果庄镇、洛河镇、阎庄镇、桑园镇、店子集街道、龙山镇、长岭镇、寨里河镇。

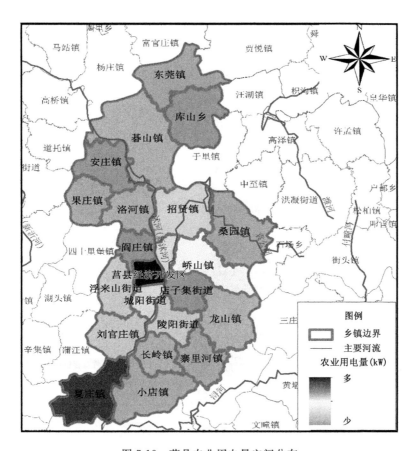

图 7-18　莒县农业用电量空间分布

(7)莒县畜牧业产值空间分布

干旱是影响畜牧业的主要气象灾害,表现在影响牧草、牲畜产品,且加剧草场退化和沙漠化,畜牧业产值越大,干旱对其影响越大。由于在 2016 年莒县统计年鉴中没有查阅到畜牧业产值数据,因此本因子计算时利用牲畜存栏量进行代替。莒县牲畜存栏量间分布如图 7-19 所示。

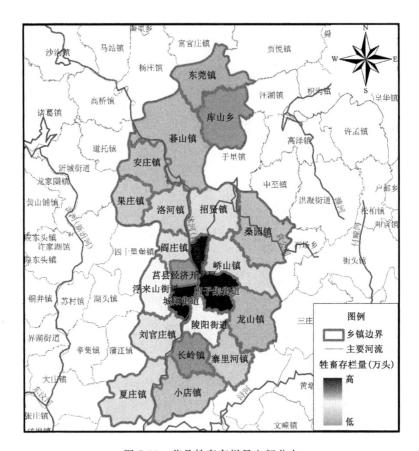

图 7-19　莒县牲畜存栏量空间分布

莒县牲畜存栏量较高的城镇是城阳镇街道、店子集街道;较低的城镇有东莞镇、库山乡、碁山镇、安庄镇、果庄镇、桑园镇、莒县经济开发区、龙山镇、长岭镇、小店镇。

7.3.4.2　莒县干旱脆弱性区划结果

干旱脆弱性是指可能受到危险因素威胁的社会、经济和自然环境因素。

将影响干旱承灾体脆弱性关键因子进行累加,其表达式为:

$$Y_{脆弱性} = \sum_{i=1}^{7} \lambda_i X_i \quad (i = 12,3,\cdots,7) \tag{7-12}$$

式中:$Y_{脆弱性}$ 表示干旱脆弱性指数,X_i 为影响干旱脆弱性关键因子,λ_i 为权重,本研究中所有气候因子的权重见图 7-1。采用标准差分级法对干旱脆弱性指数进行等级划分,结果见表 7-6。

表 7-6　莒县干旱灾害脆弱性等级划分标准

脆弱性	0.126～0.207	0.207～0.376	0.376～0.699
等级	低脆弱性	中脆弱性	高脆弱性

莒县干旱灾害承灾体脆弱性风险区划结果见图 7-20。

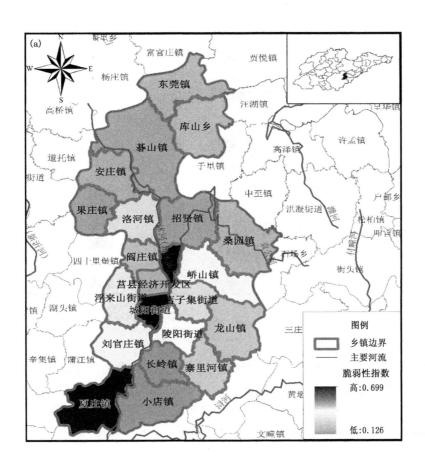

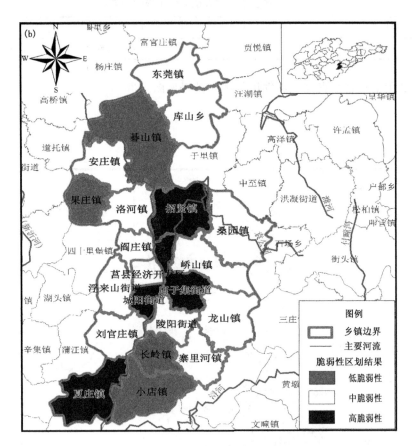

图 7-20　莒县干旱脆弱性区划结果空间分布

（a 为不分级；b 为分级）

　　莒县干旱灾害脆弱性分布基本以行政区为单位。高脆弱性分布在夏庄镇、城阳街道、店子集街道、招贤镇，占全市面积的 18.704%；中脆弱性主要分布在赛里河镇、刘官庄镇、龙山镇、陵阳街道、浮来山街道、莒县经济开发区、峤山镇、阎庄镇、桑园镇、洛河镇、安庄镇、库山乡、东莞镇，占全市面积的 57.191%；低脆弱性主要分布在果庄镇、碁山镇、长岭镇、小店镇，占全市面积的 24.105%。

7.3.5　莒县干旱灾害防灾减灾能力因子评价与区划

7.3.5.1　莒县干旱灾减灾能力因子分布特征

　　（1）莒县灌溉面积空间分布

　　灌溉面积越大，对干旱的预防能力越强，由于在 2017 年莒县统计年鉴中没有查阅到灌溉面积数据，因此本因子计算时利用复合肥使用量进行代替。莒县复合肥使用量空间分布如图 7-21 所示。

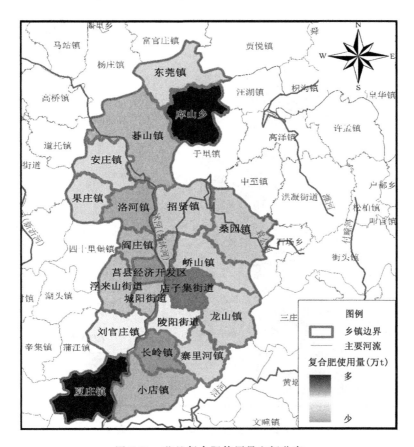

图 7-21　莒县复合肥使用量空间分布

　　莒县复合肥使用量相对较多的城镇有库山乡、夏庄镇、店子集街道、小店镇、洛河镇；其乡镇相对较少。

　　(2)莒县农民人均收入空间分布

　　农民人均收入越高,抗灾能力越强,莒县农民人均收入空间分布如图 7-22 所示。莒县农民人均收入较高的城镇有碁山镇、招贤镇、城阳街道、刘官庄镇；农民人均收入相对较低的城镇有库山乡、东莞镇、安庄镇、莒县经济开发区、长岭镇。

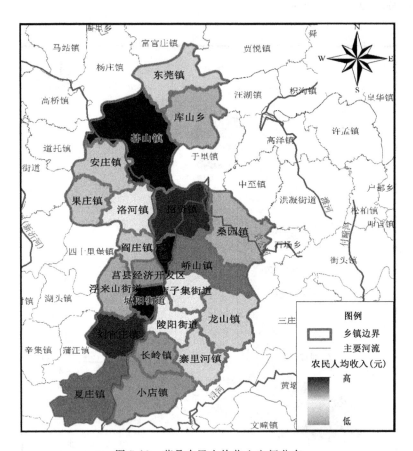

图 7-22　莒县农民人均收入空间分布

(3)莒县化肥投入量空间分布

化肥投入量越多,对干旱的防灾能力越强,莒县化肥投入量空间分布如图 7-23 所示。

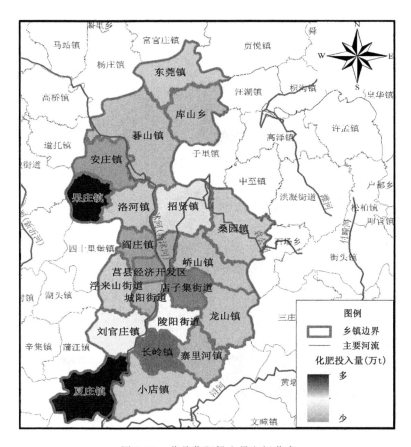

图 7-23　莒县化肥投入量空间分布

　　莒县化肥投入量相对较多的城镇有夏庄镇、果庄镇、长岭镇、店子集街道；相对较少的城镇有东莞镇、库山乡、安庄镇、洛河镇、阎庄镇、浮来山街道、莒县经济开发区、城阳街道、峤山镇、桑园镇、龙山镇、寨里河镇。

　　(4)莒县造林面积空间分布

　　植树造林的面积越大，对干旱的防御能力越强，莒县植树造林面积空间分布如图7-24 所示。

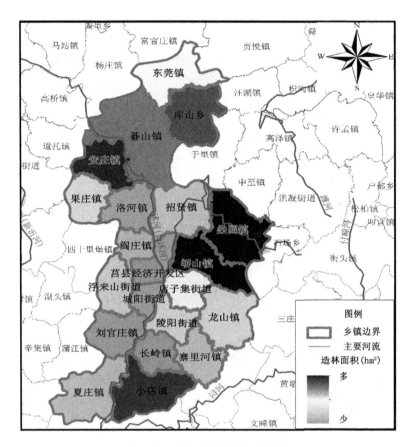

图 7-24 莒县造林面积空间分布

莒县植树造林面积较多的城镇有库山乡、安庄镇、桑园镇、峤山镇、小店镇;造林面积较少的城镇有招贤镇、阎庄镇、莒县经济开发区、城阳街道、刘官庄镇、长岭镇、夏庄镇。

(5)莒县受教育程度空间分布

受教育程度越高,对灾害的防御能力越强,由于在 2017 年莒县统计年鉴中没有查阅到受教育程度数据,因此本因子计算时利用女性婚姻状况进行代替。莒县女性婚姻状况空间分布如图 7-25 所示。

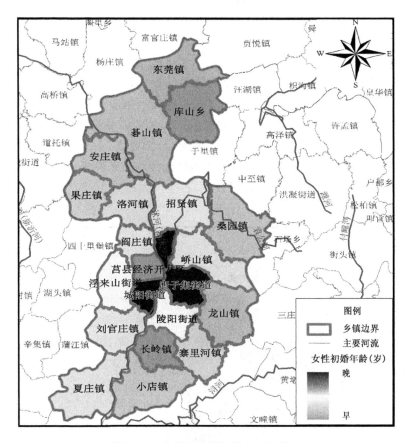

图 7-25　莒县女性婚姻状况空间分布

　　莒县女性初婚年龄较晚的城镇有城阳街道、店子集街道、浮来山街道、刘官庄镇、陵阳街道,其他乡镇相对较早。

7.3.5.2　莒县干旱防灾减灾能力及指数计算区划结果

　　防灾减灾能力是指各种用于防御和减轻气象灾害的各种管理措施和对策,包括管理能力、减灾投入、资源准备等。将影响干旱防灾减灾能力关键因子进行累加,其表达式为:

$$Y_{防灾减灾能力} = \sum_{i=1}^{5}\lambda_i X_i \quad (i=1,2,\cdots,5) \tag{7-13}$$

式中:$Y_{防灾减灾能力}$表示干旱防灾减灾能力指数,X_i为影响干旱冻防灾减灾能力关键因子,λ_i为权重,本研究中所有防灾减灾能力因子的权重见图 7-1。采用标准差法对干旱防灾减灾能力指数进行等级划分,结果见表 7-7。

表 7-7　莒县干旱灾害防灾减灾能力等级划分标准

防灾减灾能力	0.036～0.344	0.344～0.526	0.526～0.635
等级	低防灾减灾能力	中防灾减灾能力	高防灾减灾能力

　　莒县干旱灾害防灾减灾能力风险区划结果见图 7-26。

　　莒县干旱灾害的防灾减灾能力分布基本以行政区为单位。其中店子集街道、库山乡、峤山镇、小店镇为高防灾减灾能力区，占 20.817%；中防灾减灾能力区分布在夏庄镇、寨里河镇、刘官庄镇、城阳街道、陵阳街道、招贤镇、洛河镇、桑园镇、安庄镇、碁山镇，占全市的 53.305%；低防灾减灾能力地区分布在东莞镇、长岭镇、果庄镇、阎庄镇、龙山镇、浮来山街道、莒县经济开发区，占全市面积的 25.878%。

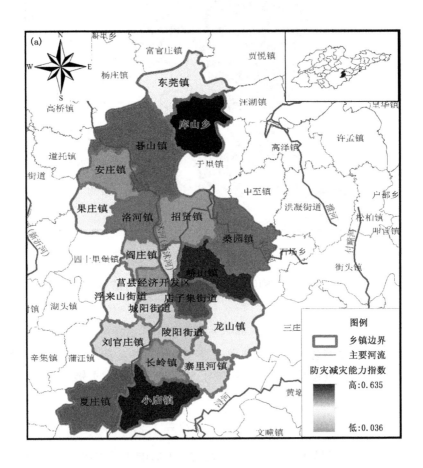

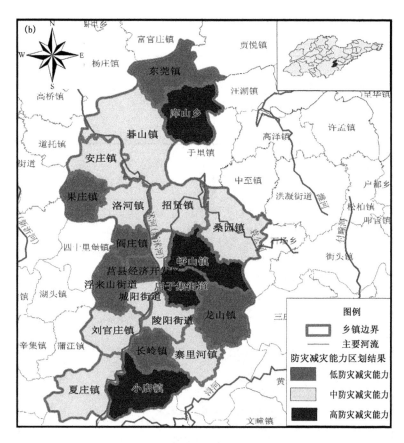

图 7-26　莒县干旱防灾减灾能力区划结果

（a 为不分级；b 为分级）

7.3.6　莒县干旱灾害综合风险评价与区划

将影响干旱风险指数因子进行累加，其表达式为：

$$Y = \sum_{i=1}^{4} \lambda_i X_i \quad (i = 1, 2, 3, 4) \tag{7-14}$$

式中：Y 表示干旱综合风险指数，X_i 为影响干旱危险性、敏感性、脆弱性和防灾减灾能力指数，λ_i 为权重，本研究中所有因子的权重见图 7-1。采用自然分级方法对干旱风险指数进行等级划分，结果见表 7-8。

表 7-8　莒县干旱灾害综合风险等级划分标准

综合风险指数	0.220～0.306	0.306～0.344	0.344～0.472
等级	低度风险	中度风险	高度风险

莒县干旱灾害综合指数风险区划结果见图 7-27。

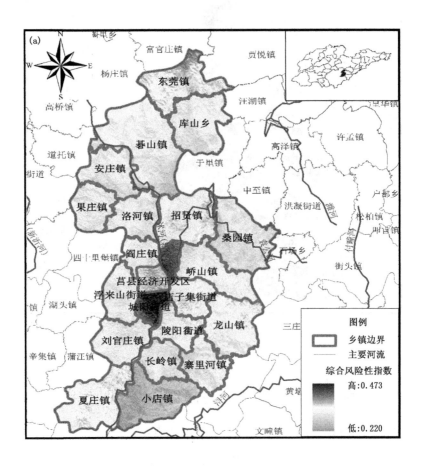

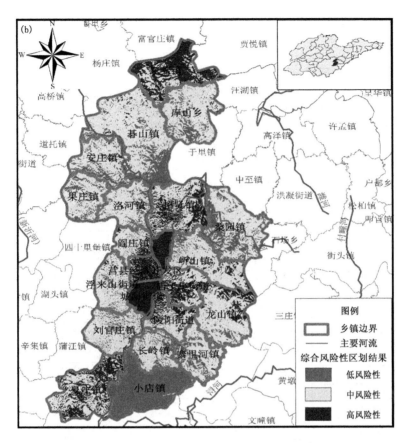

图 7-27　莒县干旱综合风险性区划空间分布

（a 为不分级；b 为分级）

　　莒县干旱综合风险性南、北、中部较高。高风险性面积占 19.093%，主要分布在夏庄镇、城阳街道、莒县经济开发区、陵阳街道、店子集街道、招贤镇、东莞镇，其他乡镇也有分布；中风险性面积在全区占 61.120%，分布在峤山镇、桑园镇、洛河镇、果庄镇、阎庄镇、浮来山街道、库山乡、碁山镇、安庄镇、刘官庄镇、长岭镇；低风险性区域占 19.787%，主要分布在小店镇，其他乡镇均有少量分布。

7.4　莒县涝渍风险评价与区划

7.4.1　莒县涝渍风险评价与区划因子选取

涝渍风险区划危险性、敏感性、脆弱性、防灾减灾能力四个指标选取及权重值见图7-28所示，其权重值通过层次分析法（AHP）确定。

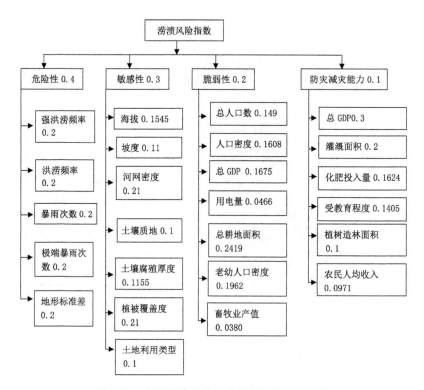

图7-28　莒县涝渍风险评价指标系统及权重值

7.4.2　莒县涝渍危险性因子评价与区划

7.4.2.1　莒县涝渍危险性因子分布特征

（1）莒县强洪涝频率空间分布

强洪涝频率越高，涝渍危险性越强。莒县强洪涝频率空间分布如图7-29所示。

莒县强洪涝频率南部高于北部，较高值分布在夏庄镇、小店镇、刘官庄镇、长岭镇、寨里河镇；较低值分布在东莞镇、库山乡、碁山镇。

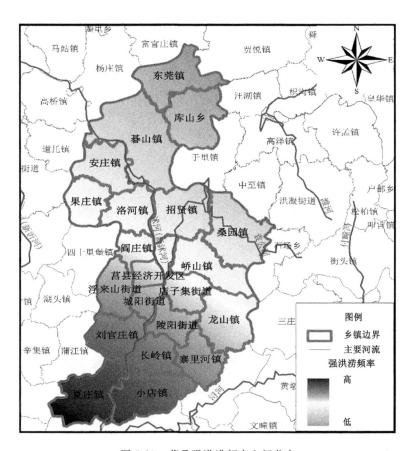

图 7-29　莒县强洪涝频率空间分布

（2）莒县洪涝频率空间分布

洪涝频率越高，涝渍危险性越强。莒县洪涝频率空间分布如图 7-30 所示。

莒县洪涝频率南部低于北部，较高值分布在东莞镇、库山乡、碁山镇、安庄镇、果庄镇；较低值分布在夏庄镇、小店镇、寨里河镇、长岭镇、刘官庄镇、陵阳街道、龙山镇。

（3）莒县暴雨次数空间分布

暴雨的次数越多，越容易形成涝渍，莒县暴雨次数空间分布如图 7-31 所示。

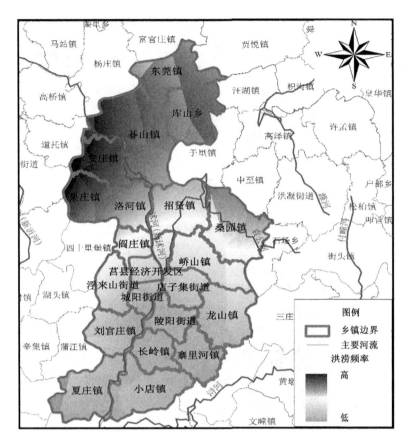

图 7-30　莒县洪涝频率空间分布

　　莒县暴雨次数东南部高于西北部,较高值分布在夏庄镇、小店镇、寨里河镇、长岭镇、龙山镇、陵阳街道、峤山镇、桑园镇;较低值分布在东莞镇、库山乡、碁山镇、安庄镇。

　　(4)莒县极端暴雨次数空间分布

　　极端暴雨次数越多,形成涝渍的可能性越大,莒县极端暴雨次数空间分布如图7-32所示。

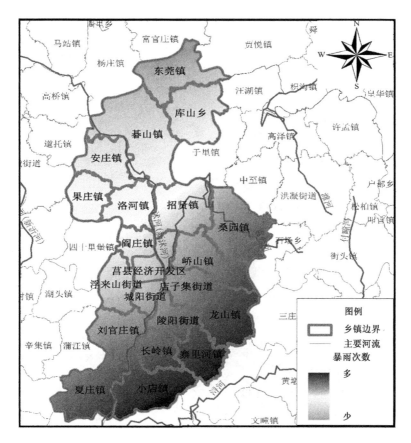

图 7-31　莒县暴雨次数空间分布

　　莒县极端暴雨次数东南多于西北,较高值分布在夏庄镇、小店镇、寨里河镇、长岭镇、龙山镇、陵阳街道、峤山镇、桑园镇;较低值分布在东莞镇、库山乡、碁山镇、安庄镇。

　　(5)莒县地形标准差空间分布

　　地形标准差越大,越容易形成降水,涝渍的危险性就越大,莒县地形标准差空间分布如图 7-33 所示。

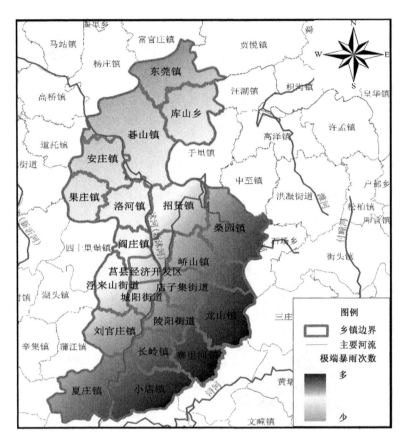

图 7-32　莒县极端暴雨次数空间分布

莒县东部和北部地势较为起伏,其他地区地势较为平坦。

7.4.2.2　莒县涝渍危险性区划结果

涝渍是指土壤含水量处于过湿或饱和状态,土壤大孔隙充水,缺少空气,造成植株根部环境条件恶化,生长发育不良,导致作物减产或品质下降,甚至死亡的一种农业气象灾害。将影响涝渍危险性关键因子进行累加,其表达式为:

$$Y_{危险性} = \sum_{i=1}^{5} \lambda_i X_i \quad (i = 1, 2, 3 \cdots, 5) \tag{7-15}$$

式中:$Y_{危险性}$表示涝渍危险性指数,X_i为影响涝渍危险性关键因子,λ_i为权重,本研究中将所有因子的权重,采用标准差分级法对涝渍危险性指数进行等级划分,结果见表7-9。

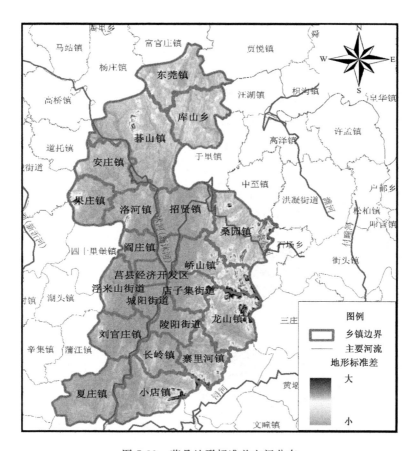

图 7-33 莒县地形标准差空间分布

表 7-9 莒县涝渍危险性等级划分标准

危险性	0.339~0.440	0.440~0.462	0.462~0.491
等级	低危险性	中危险性	高危险性

莒县涝渍危险性风险区划结果见图 7-34。莒县涝渍危险性分布特征总体表现为中部和北部较高,高危险性面积占 18.006%,分布在东莞镇、库山乡、碁山镇北部、莒县经济开发区、城阳街道;中危险性面积占 65.008%,分布在安庄镇、果庄镇、洛河镇、招贤镇、峤山镇东部、阎庄镇、店子集街道、陵阳街道、刘官庄镇、长岭镇、浮来山街道西部、夏庄镇;低危险性面积占 16.986%,分布在桑园镇、峤山镇东部、龙山镇、寨里河镇南部、小店镇东南。

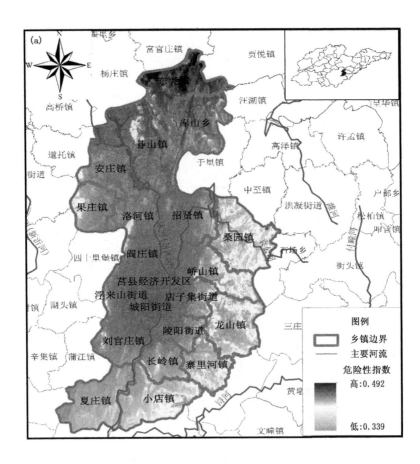

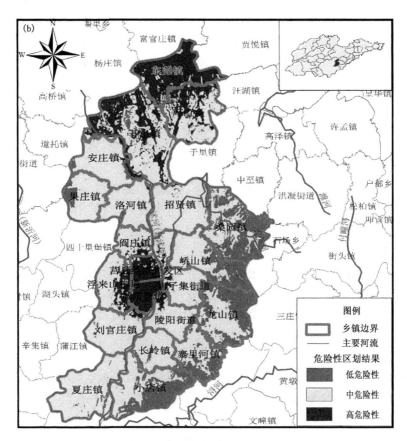

图 7-34 莒县涝渍危险性区划结果空间分布

(a 为不分级；b 为分级)

7.4.3 莒县涝渍孕灾环境敏感性评价与区划

7.4.3.1 莒县涝渍敏感性因子分布特征

(1)莒县海拔高度空间分布

海拔高度越低，越容易造成涝渍，莒县海拔高度空间分布见 7.3.3.1 图 7-5。莒县地势北高南低，四周环山，中间丘陵、平原、洼地交接，海拔在 80～591 m。

(2)莒县坡度空间分布

坡度越小，越容易形成涝渍，莒县坡度空间分布见 7.3.3.1 图 7-6。莒县地势较为平坦，全县坡度最高为 30.432°，莒县北部、东部坡度较高，其他地区较为平坦。

(3)莒县河网密度空间分布

河网密度越大，越不容易形成涝渍，莒县河网密度分布见 7.3.3.1 图 7-8。莒县主要有沭河、潍河、绣珍河、茅埠河、袁公河、洛河等 26 条。沭河经沂水县境流入莒县碁山镇,蜿蜒南流,至夏庄镇东南出境,境内段长为 76.5 km,流域面积为 1718.2 km²,丰水年平均流量为 27.3 m³/s,枯水年为 0.6 m³/s。潍河于东莞镇后石崮后村流入莒境,曲折南流到库山乡库山村南与其南源石河水汇合后,东南流入五莲县境,境内段长为 18 km,流域面积为 162 km²。

(4)莒县土壤质地空间分布

土壤质地是根据土壤的颗粒组成划分的土壤类型。土壤质地一般分为砂土、壤土和黏土三类,是土壤物理性质之一,不同质地的土壤养分、透水性和土壤理化性质不同,莒县土壤质地见 7.3.3.1 图 7-9。

莒县土壤质地分为黏土、壤质砂土、壤土、沙壤土、黏质壤土、砂土、砂质黏壤土、粉壤土 8 类,壤土占总面积的绝大部分,在全市分布较广泛;其他土壤均匀分布在全县各镇。土壤质地赋值同 7.3.3.1 表 7-3。

(5)莒县土壤腐殖质厚度空间分布

腐殖质层是指富含腐殖质的土壤表层,含有较多的为植物生长所必需的营养元素,特别是氮素。莒县土壤腐殖质厚度空间分布见 7.3.3.1 图 7-10。

莒县土壤腐殖质厚度空间差异性较大,但各乡镇间腐殖质厚度相差较小,介于0~10 cm。土壤腐殖质厚度赋值同 7.3.3.1 表 7-4。

(6)莒县植被覆盖度空间分布

植被覆盖度越大,受涝渍的影响越小,莒县植被覆盖指数空间分布见 7.3.3.1 图7-11。莒县植被覆盖度整体较高,城阳街道、莒县经济开发区较低。

(7)莒县土地利用类型空间分布

莒县土地利用类型主要包括 5 种,即耕地、林地、草地、城镇居民用地、工矿用地和未利用地,莒县土地利用类型如图 7-35 所示。

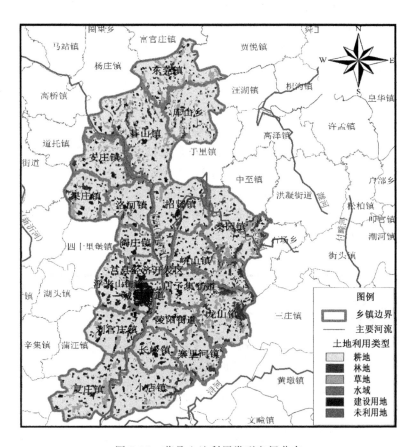

图 7-35　莒县土地利用类型空间分布

其中,耕地为莒县主要土地利用类型,各乡镇均有较大面积分布;林地、草地零星分布各镇,东部较多;城镇建设用地在各个乡镇均有分布;未利用地所占面积极少。将土地利用类型赋予分值如表 7-10。

表 7-10　土地利用类型综合评分

土地利用类型	城镇	未利用地	水域	耕地	草地	林地
分值	1	2	3	4	5	6

7.4.3.2　莒县涝渍敏感性区划结果空间分布

涝渍成灾环境敏感性指能促进涝渍形成及程度加重地形地貌、土壤、植被等多种因素。将影响涝渍敏感性关键因子进行累加,其表达式为:

$$Y_{敏感性} = \sum_{i=1}^{7} \lambda_i X_i \quad (i = 1,2,3,\cdots,7) \tag{7-16}$$

式中:$Y_{敏感性}$表示涝渍敏感性指数,X_i为影响涝渍敏感性关键因子,λ_i为权重,本研究中将所有因子,采用标准差法对涝渍敏感性指数进行等级划分,结果见表 7-11。

表 7-11 莒县涝渍敏感性等级划分标准

敏感性	0.110~0.218	0.218~0.260	0.260~0.429
等级	低敏感性	中敏感性	高敏感性

莒县涝渍孕灾环境敏感性风险区划结果见图 7-36。莒县涝渍孕灾体敏感性东北部高于西南部,高孕灾体敏感性主要分布在东莞镇、库山乡、碁山镇东部、桑园镇、峤山镇东部、龙山镇北部,占莒县总面积的 21.461%;中敏感性主要分布在安庄镇、碁山镇西部、洛河镇、招贤镇、峤山镇西部、龙山镇南部、寨里河镇、夏庄镇、小店镇,占莒县总面积的 57.110%;低敏感性分布在莒县经济开发区、城阳街道、店子集街道西部,其他乡镇也有少量分布,占莒县总面积的 21.428%。

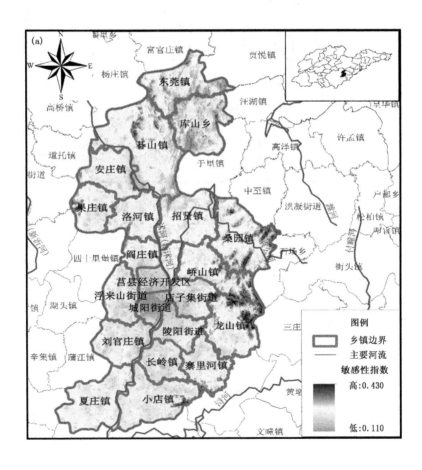

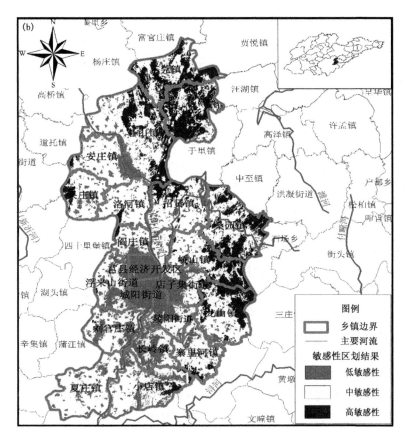

图 7-36 莒县涝渍敏感性区划结果空间分布

（a 为不分级；b 为分级）

7.4.4 莒县涝渍承灾体脆弱性评价与区划

7.4.4.1 莒县涝渍脆弱性各因子分布特征

（1）总人口数空间分布

总人口数越大，同样涝渍情景下，脆弱性越大。莒县总人口分布见 7.3.4.1 图 7-13。从全县来看，碁山镇、招贤镇、城阳街道、刘官庄镇、夏庄镇人数相对较多，库山乡、东莞镇、安庄镇、果庄镇、莒县经济开发区、长岭镇人数相对较少。

（2）莒县人口密度空间分布

人口密度越大，同样涝渍情景下，脆弱性越大。莒县人口密度空间分布见 7.3.4.1 图7-14。莒县人口密度南部高于北部，人口密度相对较高的城镇有夏庄镇、小店镇、刘官庄镇、长岭镇、寨里河镇、陵阳街道、城阳街道、浮来山街道、店子集街道、莒县经济开发区、阎庄镇；相对较低的城镇有东莞镇、库山乡、碁山镇。

（3）莒县老幼人口密度空间分布

老幼人口密度越大，同样涝渍情景下，脆弱性越大。莒县老幼人口密度空间分布如图7-45所示。莒县老幼人口密度较大的城镇有陵阳街道、东莞镇；密度较小的城镇有库山乡、碁山镇、招贤镇、桑园镇、阎庄镇、城阳街道、刘官庄镇、峤山镇、龙山镇、长岭镇。

（4）莒县总GDP空间分布

GDP越大，同样涝渍情况下，脆弱性越大。莒县总GDP空间分布见7.3.4.1图7-16。莒县总GDP相对较高的城镇有城阳街道、店子集街道、浮来山街道、刘官庄镇、陵阳街道；相对较低的城镇有东莞镇、库山乡、碁山镇、安庄镇、果庄镇、桑园镇、莒县经济开发区、长岭镇、小店镇、龙山镇。

（5）莒县总耕地面积空间分布

耕地面积越大，受涝渍影响越大，由于在2016年莒县统计年鉴中没有查阅到耕地面积数据，因此本因子计算时利用农用柴油使用量进行代替。莒县农用柴油使用量空间分布见7.3.4.1图7-17。莒县农用柴油使用量相对较多的城镇有招贤镇、夏庄镇、库山乡、龙山镇、洛河镇；耕地面积相对较少的城镇有小店镇、店子集街道、果庄镇、莒县经济开发区。

（6）莒县农业用电量空间分布

涝渍会导致农业用电量紧张，莒县农业用电量空间分布见7.3.4.1图7-18。莒县农业用电量相对较高的城镇有夏庄镇、莒县经济开发区；较低的城镇有东莞镇、库山乡、碁山镇、安庄镇、果庄镇、洛河镇、阎庄镇、桑园镇、店子集街道、龙山镇、长岭镇、寨里河镇。

（7）莒县畜牧业产值空间分布

畜牧业产值越大，涝渍对其影响越大。由于在2016年莒县统计年鉴中没有查阅到畜牧业产值数据，因此本因子计算时利用牲畜存栏量进行代替。莒县牲畜存栏量空间分布见7.3.4.1图7-19。莒县牲畜存栏量较高的城镇是城阳镇街道、店子集街道；较低的城镇有东莞镇、库山乡、碁山镇、安庄镇、果庄镇、桑园镇、莒县经济开发区、龙山镇、长岭镇、小店镇。

7.4.4.2　莒县涝渍脆弱性区划结果空间分布

涝渍脆弱性是指可能受到危险因素威胁的社会、经济和自然环境因素。

将影响涝渍承灾体脆弱性关键因子进行累加，其表达式为：

$$Y_{脆弱性} = \sum_{i=1}^{7} \lambda_i X_i \quad (i = 1, 2, 3, \cdots, 7) \tag{7-17}$$

式中：$Y_{脆弱性}$表示涝渍脆弱性指数，X_i为影响涝渍脆弱性关键因子，λ_i为权重，本研究中所有因子的权重见图7.28。采用标准差分级法对涝渍脆弱性指数进行等级划分，结果见表 7-12。

表 7-12　莒县涝渍脆弱性等级划分标准

脆弱性	0.147~0.260	0.260~0.406	0.406~0.767
等级	低脆弱性	中脆弱性	高脆弱性

　　莒县涝渍承灾体脆弱性风险区划结果见图 7-37。莒县涝渍脆弱性分布基本以行政区为单位。高脆弱性分布在夏庄镇、城阳街道、陵阳街道、招贤镇，占全县面积的24.105%；中脆弱性主要分布在赛里河镇、刘官庄镇、龙山镇、浮来山街道、峤山镇、电子集街道、阎庄镇、桑园镇、洛河镇、安庄镇、库山乡、东莞镇，占全县面积的57.191%；低脆弱性主要分莒县经济开发区、碁山镇、小店镇、长岭镇、果庄镇，占全市面积的 18.704%。

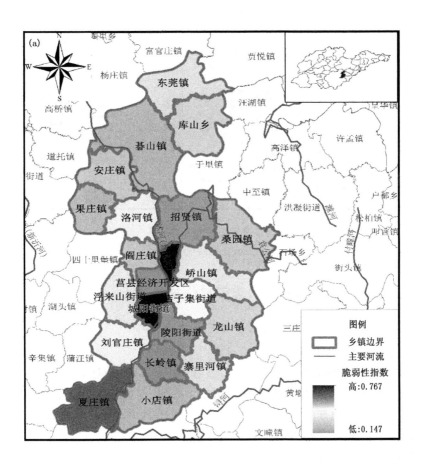

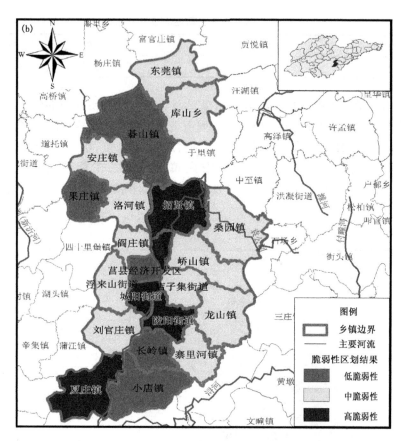

图 7-37　莒县涝渍脆弱性区划结果空间分布

（a 为不分级；b 为分级）

7.4.5　莒县涝渍防灾减灾能力因子评价与区划

7.4.5.1　莒县涝渍防灾减灾能力因子分布特征

（1）莒县总 GDP 空间分布

总 GDP 越大，防灾减灾能力越强，莒县总 GDP 空间分布见 7.3.4.1 图 7-16。莒县总 GDP 相对较高的城镇有城阳街道、店子集街道、浮来山街道、刘官庄镇、陵阳街道；相对较低的城镇有东莞镇、库山乡、碁山镇、安庄镇、果庄镇、桑园镇、莒县经济开发区、长岭镇、小店镇、龙山镇。

（2）莒县灌溉面积空间分布

灌溉面积越大对涝渍的预防能力越强，灌溉面积越大，对涝渍的预防能力越强，由于在 2016 年莒县统计年鉴中没有查阅到灌溉面积数据，因此本因子计算时利用复合肥使用量进行代替。莒县复合肥使用量空间分布见 7.3.5.1 图 7-21。

莒县复合肥使用量相对较多的城镇有库山乡、夏庄镇、店子集街道、小店镇、洛河镇;其乡镇相对较少。

(3)莒县农民人均收入空间分布

农民人均收入越高,抗灾能力越强,莒县农民人均收入空间分布见 7.5.3.1 图 7-22。

莒县农民人均收入较高的城镇有碁山镇、招贤镇、城阳街道、刘官庄镇;农民人均收入相对较低的城镇有库山乡、东莞镇、安庄镇、莒县经济开发区、长岭镇。

(4)莒县化肥投入量空间分布

化肥投入量越多,对涝渍的防灾能力越强,莒县化肥投入量空间分布见 7.3.5.1 图 7-23。

莒县化肥投入量相对较多的城镇有夏庄镇、果庄镇、长岭镇、店子集街道;相对较少的城镇有东莞镇、库山乡、安庄镇、洛河镇、阎庄镇、浮来山街道、莒县经济开发区、城阳街道、峤山镇、桑园镇、龙山镇、寨里河镇。

(5)莒县造林面积空间分布

植树造林的面积越大,对涝渍的防御能力越强,莒县植树造林面积空间分布见 7.3.5.1 图 7-24。莒县植树造林面积较多的城镇有库山乡、安庄镇、桑园镇、峤山镇、小店镇;造林面积较少的城镇有招贤镇、阎庄镇、莒县经济开发区、城阳街道、刘官庄镇、长岭镇、夏庄镇。

(6)莒县受教育程度空间分布

受教育程度越高,对灾害的防御能力越强,根据 2016 年莒县统计年鉴,在统计数据中没有查阅到受教育程度数据,因此本因子计算时利用女性婚姻状况进行代替。莒县女性婚姻状况空间分布见 7.3.5.1 图 7-25。莒县女性初婚较晚的城镇有城阳街道、店子集街道、浮来山街道、刘官庄镇、陵阳街道,其他乡镇相对较早。

7.4.5.2 莒县涝渍防灾减灾能力区划结果

防灾减灾能力是指各种用于防御和减轻气象灾害的各种管理措施和对策,包括管理能力、减灾投入、资源准备等。将影响涝渍防灾减灾能力关键因子进行累加,其表达式为:

$$Y_{防灾减灾能力} = \sum_{i=1}^{5} \lambda_i X_i \quad (i=1,2,3,4,5) \tag{7-18}$$

式中:$Y_{防灾减灾能力}$ 表示涝渍防灾减灾能力指数,X_i 为影响涝渍防灾减灾能力关键因子,λ_i 为权重,本研究中所有防灾减灾能力因子的权重见图 7-28。采用标准差法对涝渍防灾减灾能力指数进行等级划分,结果见表 7-13。

表7-13　莒县涝渍防灾减灾能力等级划分标准

防灾减灾能力	0.041~0.279	0.279~0.425	0.425~0.595
等级	低防灾减灾能力	中防灾减灾能力	高防灾减灾能力

莒县涝渍防灾减灾能力风险区划结果见图 7-38。

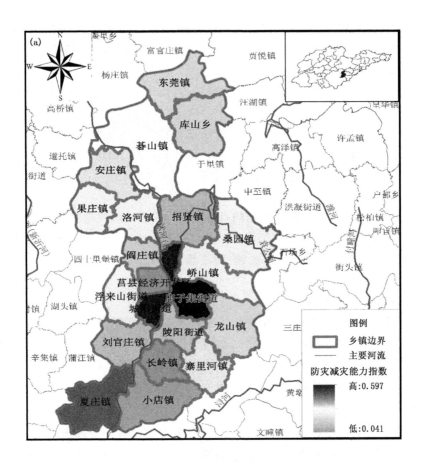

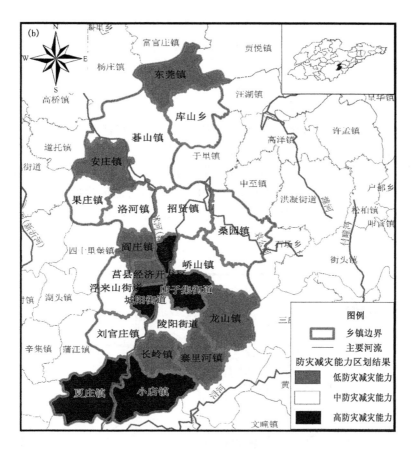

图 7-38　莒县涝渍防灾减灾能力区划结果空间分布

（a 为不分级；b 为分级）

　　莒县涝渍的防灾减灾能力分布基本以行政区为单位。其中城阳街道、店子集街道、小店镇、夏庄镇为高防灾减灾能力区，占 24.632%；中防灾减灾能力区分布在刘官庄镇、陵阳街道、浮来山街道、峤山镇、桑园镇、招贤镇、洛河镇、碁山镇、库山乡、果庄镇，占全市的 50.737%；低防灾减灾能力地区分布在长岭镇、寨里河镇、龙山镇、莒县经济开发区、阎庄镇、安庄镇、东莞镇，占全市面积的 24.632%。

7.4.6　莒县涝渍综合风险评价与区划

　　将影响涝渍风险指数因子进行累加，其表达式为：

$$Y = \sum_{i=1}^{4} \lambda_i X_i \quad (i = 1, 2, 3, 4) \tag{7-19}$$

式中：Y 表示涝渍综合风险指数，X_i 为影响涝渍危险性、敏感性、脆弱性和防灾减灾能力指数,λ_i为权重,本研究中将所有因子的权重,采用自然分级方法对涝渍风险指数进行等级划分,结果见表 7-14。

表 7-14　莒县涝渍综合风险等级划分标准

综合风险指数	0.319~0.381	0.381~0.411	0.411~0.532
等级	低度风险	中度风险	高度风险

　　莒县涝渍综合指数风险区划结果见图 7-39。莒县涝渍综合风险性中部较高。高风险性面积占 24.051%,主要分布在夏庄镇、陵阳街道、城阳街道、招贤镇;中风险性在全县分布面积占 54.583%,分布在寨里河镇、刘官庄镇、龙山镇、浮来山街道、峤山镇、桑园镇、阎庄镇、洛河镇、安庄镇、碁山镇、库山乡;低风险性区域占 21.366%,分布在莒县经济开发区、长岭镇、小店镇、店子集街道、果庄镇。

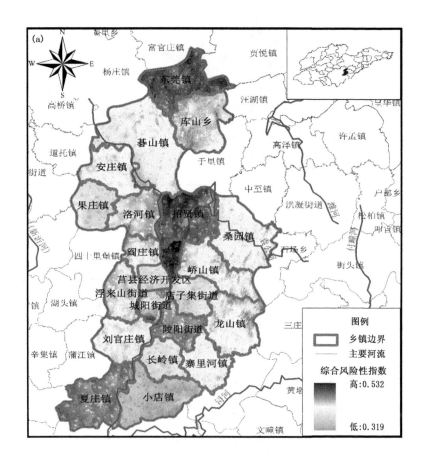

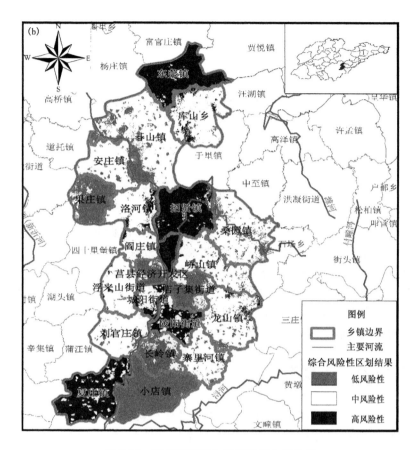

图 7-39　莒县涝渍综合区划结果空间分布

（a 为不分级；b 为分级）

第8章 季节性农业气象服务

不违农时,是农业生产必须遵守的准则。孟子说:"不违农时,谷不可胜食也"。可见,不违农时是争取农业丰收的关键所在。

农时季节是自然客观规律,不以人的意志而转移。因此必须充分认识并利用它来发展生产。违背农时,就是违背客观规律,就会导致农业歉收甚至绝收。农时大体包含两个方面,一是当地的气候条件,二是农、林、果、畜、鱼的生育特性。一年分春、夏、秋、冬四个季节,也就是四大农时。因此只有掌握农时季节,摸清当地气候规律,特别是天气灾害发生规律,并以农、林、果、畜、鱼的生育特性为依据,才能有效地做好季节性的农业气象服务。

8.1 春季农业气象服务

春季是一年中重要的农时季节,春季的农业生产就田间的农事活动而言,从3月中旬拉开序幕,就要进行春耕、春播、春种、春管几项工作,即农田的翻耕;春花生、春大豆和芝麻的播种;早红薯的移栽、烤烟育苗以及冬小麦的春季田间管理,对气象条件有着较高的要求。春季天气多变,时暖时寒,是天气灾害出现频繁的季节,其特点是:灾害种类多、变化快、危害大。春季农业生产如何,会影响下一季作物的安排,关系着全年农业的收成,因此须抓住各个生产环节,不失时机地主动做好以春耕、春播、春管为中心内容的春季农业气象服务。

(1)做好寒潮、低温、霜冻和飑线、龙卷风、冰雹等灾害性天气和强对流天气的预报、警报工作。以使相关部门和农户及时做好防灾准备,把灾害造成的损失减少到最低限度。

(2)做好转折天气预报,确保适时、高质量地开展春耕、春管工作。

(3)在中长期天气预报的基础上,根据各种农作物的不同特点,及早做出花生等春播作物的适宜播种期预报和越冬作物的适宜收获期预报,使春播、春管工作恰到好处。

(4)按照长中短期预报相结合的原则,大力做好中短期低温阴雨、晴雨转折及连晴连雨的天气预报,以便做好大棚蔬菜和烤烟育苗服务工作。

(5)做好日平均气温≥15 ℃初日的预报,使春播作物移栽工作安全适时。

（6）初春还是森林火灾容易发生的季节，同时又是扑灭越冬的森林害虫如松毛虫等的大好时机，为此要及时收集林地湿润度、干燥度资料，参考天气预报，开展森林火险预报与虫情预测工作，做好护林防火气象服务。

此外，经济果树嫁接、畜、禽、鱼孵化、配种、育雏、放养、春季疾病防御等方面的气象服务也需统筹兼顾妥善安排。

8.2　夏季农业气象服务

继春耕、春播、春管之后，夏季是一年中又一个收种都十分繁忙的季节。莒县夏收工作主要为冬小麦等作物的收割。与夏收同时进行的夏种作物有大豆、花生、芝麻、夏玉米。如天气干旱，还要改种杂粮作物（如荞麦、红薯等）。

莒县夏季的气候特点是，前期湿度大，雨量多而集中；后期晴热少雨，高温干旱。这个季节的暴雨、雷雨大风、冰雹、连续高温少雨、旱、涝等天气灾害对夏收夏种和田间管理工作带来很大的影响，一次恶劣天气的出现就可能使丰收在望的农产品毁于一旦，使夏种遭到巨大损失。夏季还是病虫害多发季节。因此须围绕夏收夏种工作全力做好农业气象服务。

（1）前期主要应抓好暴雨、大暴雨、特大暴雨、连续性暴雨、降水集中期、大风和洪涝灾害发生的可能性预报，以及高温预报。因为以上天气在夏季时有发生，且对夏季农业生产危害很大，收种期间要做好农用晴雨预报和转折天气预报，以保证收种进度和质量；后期要做好雨季最后一次大到暴雨预报，确保水库等所有水利设施全部蓄满水；要做好干旱期预报，以便更好地实行计划用水、节约用水、科学管水，从而有效地缓解干旱，实现防汛抗旱和夏收夏种两不误。

（2）加强对作物主要病虫害发生农业气象条件的预报，减少和防止病虫的蔓延和危害。

（3）对家畜而言，由于夏季雨日雨量多，空气和地面都比较潮湿，牛、猪、羊等大牲畜易患腐蹄病、肠胃寄生虫病，生猪易因高温高湿而导致疫病流行。因此要积极搞好畜病发生期预报和情报的服务工作。

（4）水产养殖：莒县水产养殖种类多，范围大，因高温高湿低压导致泛塘的事件时有发生，要及时深入养殖场所，特别是规模养殖地（各种鱼类养殖等），有针对性地开展相关服务，为广大养殖户发展多种经营保驾护航。

8.3　秋季农业气象服务

莒县秋收作物面积大、种类多、任务重。粮食作物玉米、花生、薯类（红薯、芋头、土豆）、豆类收获，经济作物瓜菜、果品、烤烟、茶叶等采收。秋种主要是冬小麦、蔬菜等。

莒县的秋季天气以晴旱为主，并开始转冷，如与冷空气南下入侵同期，则往往阴雨持续,降温加剧,形成秋季低温,使玉米灌浆受阻,粒重减轻,成熟期推迟。如低温伴阴雨,造成的损失就更大,影响玉米成熟,会使秋播作物出苗推迟,发育受到抑制。因此,秋收秋种期间的气象保障也是十分重要的。

秋季农业气象服务包括:农作物成熟期和适宜收获期预报、低温连阴雨天气预报、森林火险预报等。为便于安排农作物的收获,脱粒和晒储工作,日常的晴雨和转折预报也是农业部门和农民群众十分关注的。个别年份出现过秋汛、山洪,对此在进行服务时应做到心中有数,以便尽早防范,使秋收工作顺利进行,真正做到丰产丰收颗粒进仓。使秋种工作不违农时,秋播作物早生快发。如秋旱严重将明显影响农作物播种及幼苗生长时,应及时向当地政府报告,组织和实施人工增雨,以缓解旱情。

8.4　冬季农业气象服务

冬季的农事活动主要是越冬作物的田间管理,果树、茶树培土防寒等。由于莒县冬季温度多数年份不是很低,越冬作物在冬季并非完全停止生长,因此越冬前的水肥管理和围绕防寒而进行的中耕、除草、培土任务不少,还有果树和蔬菜大棚及畜、鱼的避寒防冻工作要做,因此冬季的农业气象服务仍不轻松。

为了确保越冬作物、经济林果和畜禽鱼等安全越冬,须做好下列农业气象服务工作。

(1)做好冬季晴雨预报和 5 ℃、0 ℃界限温度终日预报,确保越冬作物适时管理,实现壮苗越冬。

(2)做好冷空气特别是强冷空气和寒潮入侵期预报,以便及时对冬作物、果树、耕牛等采取措施进行有效的防御。

(3)及时发布冰冻、雨凇和大风预报,以便为冬季植树造林、水利设施建设、选择最佳时段,确保露地农业工程的避寒防冻。

(4)连旱期间要密切关注林区火险预警气象要素达标情况,及时发布森林火险预报,减少天然林火发生,减轻林火危害。

8.5　各月气候概况与农业气象服务

8.5.1　1月气候概况与农业气象服务

(1)气候概况

1月,莒县主要受大陆高压控制,盛行偏北风。常有 3～4 次冷空气或寒潮入侵,"小寒""大寒"及最冷的"三九天"均在本月,因此 1 月是莒县一年中气候最寒冷的时段。

1月的平均气温,全县为 −2.1 ℃。从平均气温角度看,是全年最冷的一个月。所谓"三九严寒",大都出现在 1 月中旬。因冷空气的入侵 1 月常出现冰冻雨雪天气,并发生冻害、大风等气象灾害,对农业生产造成不利影响,历史上 1 月的极端最低气温为

—19.9 ℃,出现在 1981 年 1 月 27 日。1 月的降水量,全县为 9.6 mm。日照为 156.1 h。

(2)农业气象服务

①主要影响作物

小麦、大蒜等处于越冬期,苹果、桃、甜樱进入休眠期、茶树越冬期。

②农事建议

小麦越冬期间,采取镇压、盖土杂肥等措施,加强小麦冬季田间管理,确保小麦安全越冬。

苹果、桃、大樱桃等进行冬季修剪,剪除病虫枝、重叠枝、并生枝、过密枝、徒长枝等。

8.5.2　2 月气候概况与农业气象服务

(1)气候概况

2 月,莒县天气仍主要受北方冷空气影响所左右,由于冷空气活动频繁,气温上升缓慢。

2 月莒县的月平均气温为 0.8 ℃。月降水量为 14.7 mm。月日照时数为 158.8 h,是一年中日照时数较少的月份之一。2 月主要气象灾害为低温冻害。冷空气入侵后引起的气温骤降,会使越冬作物和耕牛等遭受冻害,务必严加防范。

(2)农业气象服务

①主要影响作物

设施蔬菜黄瓜、西红柿等处于开花结果期。高温棚西瓜处于定植期及定植后管理初期。烤烟开始整畦备播。设施蔬菜黄瓜、西红柿等处于成熟收获期;西瓜进入授粉和幼瓜管理期。

②农业气象指标

黄瓜、西红柿等开花适宜的气温为 20 ℃,最低不能低于 10 ℃,最高不能高于 30 ℃;西瓜棚温度应控制在 15 ℃(夜)~35 ℃(昼),最适 18~32 ℃。棚内的适宜温度为 22~24 ℃。西瓜授粉期温度 15 ℃(夜)至 32 ℃(昼),适宜温度为 20~28 ℃。

③农事建议

密切关注大风、低温、连阴天预报及暴雪预报,做好大棚蔬菜防寒、防冻、通风、透光等工作。当天气预报可能出现冻害时,要加强增温、保温设施。

西瓜采取棚内后墙张挂反光幕、棚膜外加盖保暖被或草苫等保温覆盖物等措施,尽量提高和保持棚内温度,做好根结线虫病、根腐病、茎基腐病、疫病以及幼瓜期炭疽病、病毒病、细菌性叶枯病等病害的防治,做好膨瓜期浇水追肥,浇水后注意放风。

8.5.3　3 月气候概况与农业气象服务

(1)气候概况

3 月"惊蛰"过后,莒县开始进入春季,一般在 3 月下旬中前后普遍进入春季。莒县 3 月份的平均气温为 6.1 ℃。月降雨量为 20.3 mm。月日照时数为 190 h。

3月的天气多变、冷暖无常。常因冷空气频繁入侵,引起作物霜冻害。3月降水强度增大。3月出现的强对流天气,会使作物和林果受损;龙卷风、飑线等会毁坏蔬菜大棚等保护栽培设施,务必充分注意,尤其要做好低温阴雨和渍涝的防御。

(2)农业气象服务

①主要影响作物

小麦陆续进入返青—拔节期,杏、桃等果树在3月下旬进入蕾期,苹果进入萌动期,3月中旬至下旬,生姜播种期。3月下旬茶树萌芽期。烤烟开始育苗。设施蔬菜黄瓜、西红柿等处于开花结果期,西瓜进入后期管理阶段。

②农业气象指标

日平均气温稳定回升至5 ℃左右时,冬小麦进入春季分蘖盛期。

5 cm地温稳定回升到5~6 ℃时,适宜浇冬小麦返青水。

冬性品种小麦在返青期,当最低气温降到−6~−4 ℃时,分蘖节处将受冻,半冬性品种小麦当最低气温降到−3 ℃时就会受冻。

杏、李、樱桃等果树进入蕾期,最低气温为−2~−1 ℃时开始受冻。大樱桃花蕾期最低温度为−5.2~−1.7 ℃、开花期最低温度为−2.2~−1.1 ℃时会受冻。

大蒜花芽、鳞芽分化期适宜温度为15~20 ℃,花芽分化时间是25~30 d。

生姜需地温稳定在15 ℃以上时播种,可采用塑料大、中棚等保护措施栽培生姜,比露天种植可提前10 d左右,地温稳定在13~14 ℃时播种。

春季,当日平均气温稳定通过10 ℃左右时,茶芽开始萌动。

烤烟苗期适宜温度为13~28 ℃,低于10 ℃易产生冻害。

设施蔬菜棚内的适宜温度为22~24 ℃;西瓜棚内温度15 ℃(夜)~38 ℃(昼),(有籽西瓜35 ℃,无籽西瓜38 ℃)。

③农事建议

对受旱麦田及时浇水,并追肥、划锄松土,保墒增温。

麦田墒情适宜或土壤过湿,可不浇返青水。但要及时划锄、松土,保墒增温,追施返青肥;尤其对冬前分蘖少、个体弱、群体不足的晚茬麦田,要狠抓返青期管理,促进麦苗早发、快长,促弱转壮,促蘖增穗。

当天气预报可能出现冻害时,对墒情差的麦田要提前浇水防冻,处于开花期的果园进行覆盖、熏烟。

对于生姜种植首先要选好种,地块不能连作,应选含有机质较多,灌溉排水两便的沙壤土、壤土或黏壤土田块栽培,其中以沙壤土最好。播种前,要对病虫害的防治采取一定的措施,重点预防地下虫害。

茶园应注意采取覆盖法、烟熏法、喷水法、屏障法等措施预防春霜冻。干旱时及时灌溉,保证茶树春芽萌发的水分需求。

注意天气变化,做好育苗棚的防寒、防冻、通风、透光工作。天气预报可能出现低温时,要加强增温、保温设施;

随时注意天气变化,做好大棚蔬菜的防寒、防冻、通风、透光工作。注意做好西瓜炭疽病、疫病、细菌性角斑病、叶枯病、白粉病和红蜘蛛等病虫害的防治。

8.5.4　4月气候概况与农业气象服务

(1)气候概况

4月莒县气温稳定回升,至4月中旬全县平均气温已稳定通过12.0 ℃。4月的平均气温为13.1 ℃,南北温差变小。月降水量为33.3 mm,月日照时数为218.4 h。

4月出现的强对流天气,引发的雷雨大风、冰雹、龙卷风、飑线等气象灾害,会使越冬作物遭到重大损失。"清明时节雨纷纷",表明这个月莒县开始进入雨季,雨日较多,还往往因出现连阴雨过程而形成渍害,并伴"清明寒"或"倒春寒",对桑叶等生长十分不利。

(2)农业气象服务

①主要影响作物

小麦陆续进入拔节—孕穗期,果树进入开花期,花生4月下旬后期进入播种期。生姜地膜覆盖、露天栽培开始,大蒜进入抽薹期。茶树进入春茶生产期;烤烟幼苗进入假植期;设施蔬菜黄瓜成熟收获,西瓜继续采收上市。

②农业气象指标

小麦拔节期适宜温度为12～14 ℃,最高温度为18 ℃、最低温度为10 ℃;拔节后5 d内出现−1 ℃低温,拔节后6～15 d内出现0 ℃以下低温时,就会受冻。相对土壤湿度<50%,小穗结实率降低。

小麦孕穗期适宜温度为12～14 ℃;拔节—抽穗期降水过多、光照不足、温度过高(>20 ℃),植株易徒长,引起病害,后期倒伏。

花生直播适宜温度为5 cm地温稳定通过17～18 ℃,日平均气温为15～16 ℃。

桃树开花期当最低气温为0 ℃时开始受冻。梨、苹果树开花期,最低气温为−2～−1 ℃时开始受冻,苹果开花期冻害指标为−2.2～−1.7 ℃,现蕾期当气温降至−4.0～−2.8 ℃时花芽受冻。

在苹果树开花期,若遇风速6～7 m/s的大风,会影响昆虫活动、传粉,使空气湿度降低,花粉不能发芽;当花期遇到5 d以上连阴雨或阴雨过多,会影响授粉,降低成花率,造成有花无果的现象。

大蒜抽薹期适宜温度为17～22 ℃,约经过25～30 d。

生姜大田栽培要求日平均气温稳定通过15 ℃。幼芽在16～17 ℃开始萌发,以25 ℃生长最好。幼苗期所需的适宜温度为20～28 ℃。幼苗期要求土壤相对湿度为65%～70%最适宜。

茶树芽萌发以后,当气温升高到14～16 ℃时,茶芽逐渐展开嫩叶,达到15～20 ℃时,茶树生长最为迅速。茶树具备耐阴性,需要较短的日照,适宜茶树生长的月日照百分率<45%。茶树需水较多,适宜月降水量大于100 mm。

烤烟苗期适宜温度为13～28 ℃,低于10 ℃易产生冻害。

③农事建议

根据麦田墒情状况,浇好拔节水,注意防霜、防冻。

适时进行花生、生姜覆膜、直播。

当天气预报可能出现霜冻时,墒情差的麦田提前浇水防冻;樱桃花期常遇到晚霜冻危害,处于开花期的果园可采取覆盖、熏烟、喷洒果树防冻液、树下灌水、树上喷水等措施防御霜冻。

及时防治小麦纹枯病、蚜虫、麦蜘蛛等病虫害。

大蒜在花茎伸长和鳞茎膨大期需要较多的水分,要求土壤保持湿润状态。

在苹果树开花期,当花期遇到 5 d 以上连阴雨,可采取提前灌水等措施延迟开花时间。

茶园须防御春季晚霜冻害和干旱;及时通过烟熏、凝雾等方式降低春季冻害对茶树造成的影响。与此同时,浇灌返青水对促进茶树生长,增强树势,减缓冻害程度有非常重要的作用。浇返青水要适时足量,一般在天气预报没有大寒流的情况下,于"春分"至"清明"时期连续 5 d 最低气温为 6 ℃,最高气温为 15 ℃左右进行浇水,才能达到理想的效果,浇水过早反而易造成茶树冻害。

注意天气变化,做好育苗棚的防寒、防冻、通风、透光工作。天气预报可能出现降温时,要加强设施增温、保温。

大棚越冬黄瓜,应防止早衰,延长结瓜期,增加后期产量;随时注意天气变化,做好大棚蔬菜的防寒、防冻、通风、透光工作。在头茬西瓜结束后,进行拔秧、整地、施肥,重新定植栽培,继续做好二茬瓜生产。

8.5.5 5 月气候概况与农业气象服务

(1)气候概况

从气候角度看,莒县从 5 月下旬已开始进入夏季。5 月平均气温为 18.7 ℃。月降水量为 57.9 mm。月日照时数为 239.5 h。5 月莒县气温变化剧烈,有的年份出现异常高温现象。5 月危害最大的气象灾害是暴雨洪涝。

(2)农业气象服务

①主要影响作物

小麦处于抽穗—灌浆;生姜为出苗—分枝期;樱桃进入成熟期,梨、苹果等处于春梢旺盛生长期;棉花处于出苗期;茶树处于春茶期;二茬西瓜进入授粉时期;烤烟进入移栽—小团棵期。

②农业气象指标

小麦抽穗期适宜温度为 16~20 ℃;扬花期适宜温度为 18~20 ℃;灌浆期适宜温度为 20~22 ℃。轻干热风:最高气温≥32 ℃,14 时相对湿度≤30%,14 时风速≥2 m/s。小麦重干热风:最高气温≥35 ℃,14 时相对湿度≤25%,14 时风速≥3 m/s。

大蒜鳞茎膨大期适宜温度为 20~25 ℃,约经 20~25 d。

生姜分枝期要求日平均气温在 20~28 ℃,土壤水分维持在田间持水量的 70%~

80%为宜。

苹果春梢旺盛生长期的适宜温度为 10~20 ℃。此时对缺水最为敏感,需要大量的水分供应,因此被称"需水临界期",应维持在土壤最大持水量的 80%左右。

二茬西瓜授粉前适宜温度为 15 ℃(夜)~38 ℃(昼)。

烤烟还苗温度不低于 14 ℃,适宜温度为 16~20 ℃,要求有适宜的水分。

③农事建议

根据麦田墒情状况,浇好灌浆水,促进千粒重增加,防干热风危害;有利于夏棉、夏玉米套播。采取各种措施,适时足墒套播,保持适宜密度。

姜瘟病开始发病日平均气温 20 ℃左右,最适发病温度在 25~30 ℃,雨后要及时排除田间积水;降水偏少时,可以通过早晚浇水,保持土壤湿润。

干旱缺水,尤其是发生土壤干旱时(土壤相对湿度低于 10%时)会使梨、苹果新梢生长量不足,落果增加,造成当年及下年产量锐减,要及时进行浇水灌溉,同时对其幼果进行套袋。

防治小麦干热风应首先选育抗干热风的优良品种,采取相应的农业技术措施,增强小麦抗御能力;在干热风天气来临前,采取灌水、施肥等措施;通过植树造林、改变种植方式和调整播种量以改变麦田小气候,改土治水以改善小麦生育的环境条件。

注意做好强对流、冰雹等天气的应对措施,做好人工消雹工作。

注意做好二茬西瓜做好根结线虫病、病毒病、炭疽病、红蜘蛛、蚜虫等病虫害的防治,定植水和"返青水"要浇深浇透,要注意做好放风排湿,严禁浇后闷棚伤根。

视温度和墒情,加快烤烟移栽进度,提高烟苗成活率。加强田间管理,及时查苗补苗,追肥,做好病虫害监测防治。

8.5.6　6月气候概况与农业气象服务

(1)气候概况

6月是莒县一年中降水量最多、降水强度最大的月份。全县 6 月平均气温为23.0 ℃,南北温差较小。全县月降水量为 106.5 mm。月日照时数为 204.0 h。

6月一般会出现 1~2 次暴雨过程,有不少年份出现连续暴雨过程,引起山洪暴发、江河水位猛涨。6月下旬开始,雨季陆续结束。

(2)农业气象服务

①主要影响作物

小麦、大蒜成熟收获,夏玉米播种、生姜处于苗期。茶树进入夏茶生产期。二茬西瓜进入膨瓜—采收期。烤烟进入团棵—旺长期。

②农业气象指标

烂麦场:3 d 以上连阴雨天气造成小麦霉烂。

大蒜鳞瓣发育成熟,以贮藏在 0 ℃左右的低温条件下为宜,约 50~90 d。

当日平均气温为 20~25 ℃,水分和空气湿度条件很适宜时,茶芽的生长速度最快。当月日照百分率＜45％时,光照柔弱条件下能够生产出优质绿茶。夏茶期适宜月降水量 100～200 mm,月平均降水量一般不能少于 100 mm。适宜相对湿度为75％～95％,当相对湿度高于 90％时,往往可形成云雾,降低直射光强度,改变光质,增加漫射光比例,有利于茶叶优良品质的形成。茶树一般能耐的最高温度是 34～40 ℃,生存临界温度是 45 ℃。当日平均气温高于 30 ℃,新梢生长就会减缓或停止,如果气温持续超过 35 ℃,新梢就会枯萎、落叶。月降水量低于 100 mm,茶叶产量会降低。

烤烟适宜温度为 18～28 ℃,需要充足的水分供应。

③农事建议

根据当地墒情状况,采取各种措施,做到有墒抢墒,无墒造墒,因地制宜保证适时足墒套种。

关注天气预报,把夏收、夏种、夏管调整到最佳时段。充分发挥农业机械的作用,利用晴好天气,集中力量抢收抢打抢晒,同时要提前做好对阴雨天气的防范准备,确保小麦丰产丰收。

不失时机边收边种,抢墒播种,最大限度地节省农时。

在抢收、抢种的同时,各地要因时、因苗制宜,加强对春播作物和套播作物的管理,及时防治病虫害。夏玉米出苗后,及时清苗、定苗,追施提苗肥。

做好茶园田间管理,防治病虫害,干旱时及时浇灌。

做好西瓜炭疽病、疫病、病毒病、蔓枯病、枯萎病、红蜘蛛的防治。

烤烟受旱时要及时浇水补充土壤水分,加强田间管理,做好中耕、揭膜和培土,及时防治病毒病、马铃薯 Y 病毒病、气候斑点病。

8.5.7　7月气候概况与农业气象服务

(1)气候概况

7月,莒县主要受太平洋副热带高压控制,盛行偏南风,以高温晴热天气为主,暑气逼人。7月平均气温为 25.7 ℃。月降水量为 192.0 mm。月日照时数为 171.6 h。7月的平均气温和日照时数均是年内各月中的最高值,可谓太阳高照、烈日炎炎。

由于天气晴热、降雨少,经常出现伏旱。7月的高温干旱对农业生产非常不利。有的年份雨季延续到 7 月结束,也会引发洪涝灾害,有的年份台风带来的降雨往往可以缓解伏旱和高温。

(2)农业气象服务

①主要影响作物

玉米处于拔节—抽雄期;苹果等果树进入病虫害发生危害盛期;茶树处于夏茶生产期;烤烟进入旺长—成熟期;秋茬西瓜处于育苗期。

②农业气象指标

玉米拔节—抽雄期土壤湿度宜保持在 80％左右。

烤烟适宜温度为 20～25 ℃,适宜土壤相对湿度为 60%～65%。

③农事建议

对于农田应及时中耕、培土、排涝,遇旱及时浇水,防旱衰。

对苹果喷施两遍波尔多液,若在连阴雨季节,要重点喷施。对各种果树,喷施吡虫啉、氯氰菊酯、多抗霉素等杀虫、杀菌剂,防治蚜虫、落叶病、叶斑病、穿孔病、刺蛾等。

做好茶园田间管理,防治病虫害,干旱时及时浇灌。

大田管理重点是打顶抹叉,预防病毒病。

烤烟苗期要适度遮阴和猝倒病、疫病、病毒病、白粉虱、红蜘蛛、甜菜夜蛾、根结线虫等病虫害的防治。定植前头一天喷洒杀虫杀菌剂。

8.5.8　8 月气候概况与农业气象服务

(1)气候概况

8 月主要受太平洋副热带高压控制,天气继续维持晴热,极端最高气温有时出现在 8 月。全县 8 月平均气温为 24.8 ℃;月降水量为 175.27 mm,多为地方性雷阵雨或受台风影响而产生的降水;月日照时数为 188.3 h,依然是烈日炎炎。

8 月的气象灾害主要是伏秋旱。这个月影响莒县的暴雨也较多,有的年份甚至因此而引发局地洪涝,还经常出现雷雨大风、冰雹等灾害天气,对农业生产、渔业生产和水上运输不利,但降水可以缓解秋旱。

(2)农业气象服务

①主要影响作物

玉米抽雄开花期,大白菜开始播种,生姜进入姜块膨大期。8 月下旬茶树进入秋茶生产期。秋西瓜进行定植、授粉期;烤烟进入成熟采收期。

②农业气象指标

玉米抽雄开花期适宜温度为 25～28 ℃;当气温在 18 ℃以下或 38 ℃以上时则不开花;30 ℃以上、土壤相对湿度 60% 以下,开花甚少。玉米抽雄前 10 d 至开花后20 d 为水分临界期,适宜土壤湿度为 70%～80%。

大白菜适宜播期为"立秋"前后 3～5 d,即 8 月 10 日前后。种子在 4～8 ℃即缓慢发芽,20～25 ℃时发芽迅速而生长健壮。在适宜的温度和土壤水分条件下约需3～5 d。幼苗生长的适宜温度为 22～25 ℃。温度过高、气候干燥,则幼苗生长不良,易感病毒病。

姜块膨大期适宜温度白天为 25 ℃,夜间为 17～18 ℃,要求一定的昼夜温差,适宜的土壤相对湿度为 70%～85%。

烤烟遭遇连阴雨天气,不利于烤烟收获采摘。

③农事建议

玉米抽雄开花期应及时中耕、培土、排涝,遇旱及时浇水,防旱衰。及时防治病虫害。

　　大白菜苗期及时防治蚜虫;小苗要小水勤浇,降低地温,切忌受旱,可明显减轻病毒病发生;及时间苗、定苗,严格剔除病苗;及时中耕松土,促进根系发育。

　　姜块膨大期田间过湿或渍涝不利于植株旺盛生长,容易烂根发生病害,应采用适时培土来加宽垄面,既利于排除田间积水,又利于改善生姜生长的条件,减轻姜瘟病的发生。

　　西瓜大棚前脸子要注意加盖防虫网,必要时适度加盖遮阳网遮阴,尽量增大昼夜温差

　　烤烟须预防烟草根茎类病害、赤星病、野火角斑病,适时采收。

8.5.9　9月气候概况与农业气象服务

　　(1)气候概况

　　本月气候开始转凉,月平均气温为 20.3 ℃,但有时也会出现高温天气,即所谓“秋老虎”。9 月的降水量为 64.4 mm。但有的年份也会出现强降水,引起“秋汛”。9月的日照时数为 189.9 h,充足的光照对晚秋作物生育非常有利。

　　9 月的主要气象灾害为秋旱。莒县出现秋旱的概率高。

　　(2)农业气象服务

　　①主要影响作物

　　玉米籽粒灌浆成熟,大蒜开始播种,果树(果实)进入生长后期。设施蔬菜辣椒、茄子等处于移栽大棚期,黄瓜处于播种出苗期;西瓜处于授粉、膨大期。

　　②农业气象指标

　　玉米籽粒灌浆至成熟的适宜温度为 22～24 ℃;16 ℃以下或 25 ℃以上不利于干物质积累。

　　大白菜莲座期早熟品种约经过 20～21 d,晚熟品种约 27～28 d。此时气温以18～22 ℃为最适宜。温度过高,莲座叶生长过旺,会使结球推迟,且易感软腐病。

　　大蒜适宜播种的日平均温度为 20～22 ℃。大蒜是喜冷凉的作物,特别是发芽期和幼苗期适宜较低的温度。发芽的始温为 3～5 ℃,发芽及幼苗期最适温度为 12～16 ℃,9～10 d 即通过发芽期。

　　秋茶期适宜平均气温为 18～23 ℃,适宜的月降水量为 120～150 mm。日最高气温≥35 ℃对茶树生长不利。立秋后,日最高温度仍较高,温度日较差大,对茶叶品质有一定影响,同时由于气温高,引起地面蒸发和空气中水分蒸发加快,导致湿度下降,对茶树生长有负面影响。过高的日照百分率成为限制秋茶质量和产量的不利因子。秋茶滋味平淡,与秋茶期秋高气爽、晴朗少云的天气有直接联系。

　　设施蔬菜适宜的气温 20 ℃左右,最低不能低于 12 ℃,最高不能高于 30 ℃;黄瓜播种后苗床温度应保持白天 28～30 ℃、夜温 18～20 ℃,出苗后苗床温度应保持白天22～25 ℃、夜温 15～17 ℃。

③农事建议

玉米灌浆成熟期,重点是提高叶片光合强度,延长叶片功能,应保障水分供应,补施粒肥,防治病虫害。

大白菜莲座期是发病率较高的时期,除用沼液兑清水穴施或顺垄浇施外,用30%的沼液进行一次叶面喷施,效果更佳。

对茶园可通过营造防护林、铺草帘、人工搭棚等方法减少直射光,增加漫射光,提高茶叶品质。由于茶树很快面临封园,为培养茶树的树势并让其安全越冬,采完最后一批茶叶后应及时浇灌。

随时注意天气变化,做好大棚蔬菜的通风、遮光工作,黄瓜育苗期间要防寒、防腐、防烟熏、防徒长,培育壮苗;做好西瓜膨瓜期浇水、施肥;做好病毒病、炭疽病、疫病、白粉虱、甜菜夜蛾、红蜘蛛、棉铃虫等病虫害的防治。

8.5.10　10 月气候概况与农业气象服务

(1)气候概况

10 月是莒县的黄金季节,秋高气爽,风和日丽。平均气温为 14.3 ℃,月降水量为 33.9 mm,秋旱继续威胁着莒县的农业生产。10 月的日照时数为 189.1 h。月内结束闻雷。

10 月天气晴好,气温日较差大,对秋收作物成熟非常有利。但是有的年份在 10月会出现连阴雨过程,对秋收作物收获归仓有一定影响。10 月冷空气势力明显增强,冷空气活动增多,对农业生产不利。10 月的主要气象灾害除低温阴雨外,干旱少雨对小麦等越冬作物的出苗、齐苗、壮苗不利,要适时灌水。

(2)农业气象服务

①主要影响作物

冬小麦开始播种、出苗,"霜降"前棉花收获,苹果进入成熟期,10 月下旬"霜降"前后收获生姜,收获大白菜;大蒜处于出苗期,晚熟苹果进入采收期,果树开始贮藏养分。茶树进入休眠期。设施蔬菜辣椒、茄子等处于开花期,黄瓜处于开花结果期,西红柿等处于温床生芽期;西瓜进入采收期。

②农业气象指标

冬小麦播种的适宜温度为日平均温度稳定降至 16~18 ℃,适宜土壤湿度为65%~75%。

早霜冻:气温降至 0~1 ℃时作物受冻,-1 ℃时作物严重受冻。

大白菜结球期早熟品种约需 25~30 d,晚熟品种约需 50 d 左右。此阶段要求冷凉的环境,平均气温以 14~15 ℃最佳,即白天气温为 15~22 ℃,夜间为 10~12 ℃或更低些。

大蒜幼苗期,可耐-7 ℃的低温,能耐短时间-10 ℃的低温。在 0~4 ℃的低温下,经过 30~40 d 就可以通过春化阶段。幼苗期约为 40~60 d。

生姜不耐 0 ℃以下低温,遇霜冻茎叶枯死,收获期要在"霜降"前后,地上部分茎叶干枯时为宜。

当气温降到 15 ℃以下时茶树新梢速度也迅速降低,降到 10 ℃以下,茶树进入休眠期。在莒县,最后一批茶叶一般可采到秋分至寒露。

辣椒、茄子开花适宜的气温为 20 ℃左右,最低不能低于 10 ℃,最高不能高于 28 ℃,黄瓜、西红柿等棚内适宜温度为昼温 25～32 ℃、夜温 23～28 ℃,结果期适宜棚内温度为白天 25～32 ℃、夜温 22～28 ℃。

③农事建议

加强麦田管理,及时进行查苗、补苗,确保全苗,培育壮苗,控制旺长,促进弱苗转化。

及时收储大白菜,以防受冻。根据天气变化搞好大棚蔬菜管理。

茶树注意低温、晚霜危害。可通过加热法、扰动法、烟雾法等防止霜冻危害。

8.5.11　11月气候概况与农业气象服务

(1)气候概况

11月是莒县冷空气活动较为频繁的一个月,但多为干冷空气,风大雨小。11月平均气温,全县为 6.6 ℃;月降水量为 21.5 mm;月日照时数为 160.5 h。

从本月中旬开始,莒县陆续出现初霜,个别年份受强冷空气影响,气温降至 0 ℃以下,出现冰冻。由于降水少,因而出现秋旱连冬旱对越冬作物生长发育很不利。另外这个月的气候较为干燥,是火灾多发期,要加强森林防火工作。

(2)农业气象服务

①主要影响作物

小麦处于分蘖期。设施蔬菜黄瓜、西红柿等处于苗期—茎叶生长期,辣椒、茄子等处于成熟期;西瓜处于育苗期。

②农业气象指标

小麦分蘖温度为 2～4 ℃时缓慢生长,适宜温度为 13～18 ℃。适宜土壤相对湿度为 70%～80%,过于干旱会抑制分蘖产生,土壤相对湿度达到 80%～90%时,由于土壤缺氧,造成黄苗不长。日平均气温降至 5～6 ℃左右、土壤湿度<70%时,开始浇冬水。

黄瓜、西红柿等生长适宜的气温为 20 ℃左右,最低不能低于 10 ℃,最高不要高于 28 ℃。西瓜育苗期的温度 15 ℃(夜)～35 ℃(昼),适温为 18 ℃～32 ℃。

③农事建议

加强麦田冬前肥水管理,培育壮苗,控制旺长,促进分蘖。

做好大棚蔬菜管理,保温防冻、防风,防治病害,若遇寒流天气,要注意及时封闭通风口,防止夜温过低造成落花落果。西瓜育苗期间,要做好根结线虫病、猝倒病、炭疽病、疫病、立枯病、红蜘蛛、蚜虫等病虫害的防治。

茶园浇越冬水的时间以"立冬"至"小雪"为宜。此时茶树吸收的水分更多参与生理代谢,成为束缚水,提高了茶树的抗冻性。越冬培土时间易在"小雪"至"大雪"期间,冬季气温较高的年份,全培土时间应向后推迟,培土过早,因为土壤温度较高,易造成茶树枝叶腐烂,降低抗冻性。寒潮来临前,对茶园利用麦糠、稻草、秸秆等铺盖茶树行间及根部,以利于提高土壤温度,保持土壤湿度。

8.5.12　12 月气候概况与农业气象服务

(1)气候概况

莒县从本月开始进入冬季。12 月平均气温为 0.1 ℃。月降水量为 9.4 mm。月日照时数为 155.5 h。

莒县 12 月的冷空气不但次数增多,而且强度增大,强冷空气侵入时,经常出现冻害,对越冬作物非常不利,危害很大。

(2)农业气象服务

①主要影响作物

小麦、大蒜、茶树等处于越冬期;设施蔬菜黄瓜、西红柿等处于开花结果期;西瓜进入定植期。

②农业气象指标

日平均气温稳定降至 2～3 ℃,小麦基本停止分蘖,降至 0 ℃以下,停止生长。冬小麦越冬期间,冬性品种冻害指标为－20～－18 ℃,半冬性品种冻害指标为－16～－12 ℃,适宜土壤湿度为 65%～75%。

黄瓜、西红柿等适宜的气温为 20 ℃左右,最低不能低于 10 ℃,最高不能高于 30 ℃;西瓜定植缓苗后温度为 15 ℃(夜)～35 ℃(昼),最适温度为 18～32 ℃。

③农事建议

小麦越冬期间,采取镇压、盖土施肥等措施,加强冬季田间管理,确保安全越冬。

做好大棚蔬菜的保温防冻、防风、防雪等工作。西瓜定植前要喷洒杀虫杀菌剂;定植覆土要浅,浇水不要太大,选晴暖天气浇缓苗水,浇水后注意放风,浇水前后注意喷洒杀菌剂。

8.6　农作物生态环境条件

8.6.1　粮食作物

(1)冬小麦

冬小麦是禾本科植物,一年生草本,植株高度为 30～120 cm。适宜播种的温度指标为日平均气温 16～18 ℃。种子发芽的最低温度为 1～2 ℃,最适温度为 16～

20 ℃,最高为36~40 ℃。一般种子萌动至出苗需 110~120 ℃·d 积温,播种后 7 d 左右出苗较为适宜。低于 3℃播种,一般年前不能出苗。日平均气温低于 10 ℃播种,冬前积温<350 ℃·d,一般无冬前分蘖;日平均气温高于 20 ℃播种,常使低位蘖缺失,并引起穗发育,不利于安全越冬。温度超过 30 ℃根系生长受到抑制。土壤相对湿度>85%,地表板结或土壤湿度过大时,往往因缺乏氧气而影响种子萌发,甚至霉烂;即使勉强萌发,长势也很弱;土壤相对湿度<60%,土壤水分不足,不利于小麦出苗,即使勉强出苗根易早衰。

(2)玉米

播种至出苗,要吸收占种子干重的 50%的水分,当沙壤土 5 cm 深土壤湿度为 15%~20%,10 cm 深处为 17%~22%,日平均气温为 10~12 ℃时发芽、出苗正常,温度越高出苗越快;气温低于 8℃持续 3~4 d 则烂种死苗。拔节至开花要求温度为 20~28 ℃,以 24~26 ℃最宜,土壤相对湿度 70%~80%,微风,此期间对水分的反应最敏感,是玉米一生中需水的关键期,如若干旱就会明显影响产量;下列环境条件对抽雄开花也不利,如气温 30 ℃以上,相对湿度低于 60%,开花很少;气温低于 18 ℃或高于 38 ℃,空气相对湿度<30%或>90%,均会因花粉丧失活力而不能开花;高温低湿还会使雄穗花丝枯萎不能正常受精结实。减轻高温干旱天气危害的有效措施是灌水,它能使温度下降 3 ℃左右,湿度提高 30%以上。开花时多雨,授粉不良,会出现"秃尖"。灌浆乳熟期以气温 22~24 ℃,水分充足为宜;气温 26 ℃以上的连续高温会使玉米早衰、干枯、灌浆期缩短、籽粒不满。气温<16 ℃会影响营养物质的运转积累,降低粒重。如遇干旱则籽粒不饱满。成熟以气温 22~25 ℃最适宜,至少要在 15 ℃以上。春玉米一生要求≥10℃活动积温,早熟种为 2150 ℃·d,中熟种为 2550 ℃·d,迟熟种为 3000 ℃·d。对水分的要求,出苗至拔节占全生育期需水量的 20%,要求土壤相对湿度为 60%;拔节至开花占全生育期需水量的 40%~50%,土壤相对湿度为 70%~80%;抽穗前 10 d 至开花为玉米的水分临界期,要求土壤相对湿度为 80%左右,乳熟后进入干燥脱水阶段,需水量占全生育期的 4%~10%。

(3)红薯

红薯萌芽以气温 16~35 ℃为宜,在此范围温度越高,萌芽又快又多,在 25~26 ℃时薯苗生长健壮,节间短,是薯苗生长的最适温度;出现 35~37 ℃的高温会抑制发芽,但短期高温可起催芽作用,并能促进薯块愈伤组织的形成,提高薯块的抗病能力,抑制病菌的发生,特别对抑制黑斑病有明显效果;当苗床温度高于 45 ℃时光合作用停止,生理活动遭破坏并引发烧芽;移栽前的苗床土温要降到 20 ℃左右,以适应裸地大气候环境。总之,育苗期应掌握高温催芽、平温长苗,低温炼苗的原则进行。裸地育秧要求在终霜过后,5 cm 深地温稳定在 18 ℃以上的环境下进行。

红薯的茎叶生长与块根的形成膨大同属营养生长,红薯没有明显的发育阶段和成熟期。扦插后,抽根时气温不能低于 15 ℃,块根形成期以 22~24 ℃最适宜。蔓薯并长期,早薯需要 60～100 d,晚薯 35～70 d。气温 18 ℃以上茎叶生长速度加快,气温 15 ℃时基本停长,10 ℃以下枯死,18～35 ℃期间温度越高越好,高于 35 ℃生长受抑,最适温度为 25～28 ℃。薯块盛长期气温为 16～29 ℃、10 cm 土温为 18～31 ℃为宜,可见此期间对温度要求不很严格,但 10 cm 土温为 20 ℃以下或 32 ℃以上时对薯块膨大不利,18 ℃时增重很少,15 ℃停止增重,6 ℃以下发生冷害。

适宜红薯生长的土壤相对湿度一般为 60%～80%。在这个范围,既满足了生理需水和生态需水,又可以使土壤有良好的通气状况。具体地说,以土壤相对湿度为标准,育苗期为 70%～80%,移栽前的床土为 60%左右。发根、分枝、结薯期为 60%～70%,约需一生中总耗水量的 20%～30%,日耗水量为 1.3～2.1 m³/亩。蔓薯并长期适宜土壤相对湿度为 70%～80%,此期间耗水最多,占红薯一生总耗水量的 40%～50%,日耗水量为 5.0～5.5 m³/亩;如土壤相对湿度低于 45%,则根生长受抑,叶片萎蔫;水分过多也不行,会引起茎叶徒长。薯块盛长期,耗水占一生总耗水量的 30%～35%,日耗水量 2 m³/亩,适宜土壤相对湿度为 60%左右;如低于 45%,说明严重受旱,块根不能继续膨大;水分过多时薯块细长,水分多,纤维多、淀粉少、皮孔大、品质差、不耐贮存;如土壤水分饱和,则会引起块根腐烂。如中期干旱、后期水多,则会使皮层开裂。

红薯是短日照喜光作物,不耐荫蔽。据研究,在 12.0～12.6 h 的长日照下,可以抑制地上部分的生长增加块茎的重量。

8.6.2　经济作物

(1)花生

花生仁吸收种子干重 50%的水分后,在气温大于 12 ℃、5 cm 土温 15～18 ℃、土壤湿度 25%左右,或土壤相对湿度 50%～70%,并有 3～5 d 晴暖天气时适宜播种。土壤温度低于 10 ℃,并伴连续 5～7 d 阴雨时烂种烂芽。苗期高温可促进花芽分化和提早开花,气温低于 10 ℃停止生长,对花芽分化也不利。苗期阴雨骤晴,高温烈日,会出现青枯死苗。开花下针期适温为 25～28 ℃,超过 30 ℃或低于 22 ℃开花数减少;平均温度突然降至 12 ℃时严重影响开花结荚,空壳大增;40 ℃以上对子房柄入土结荚不利,低于 16 ℃阻碍花粉管伸长。此时需水量最高,占全生育期 50%以上,遇干旱开花减少,高温又会引起茎叶徒长,同样减少花量;水分以土壤相对湿度 60%～70%较好。土壤相对湿度<30%时开花停止,已到达地面的果针也不能入土;阴雨天气多,土壤相对湿度高达 75%以上时茎叶徒长、开花结荚也少;开花下针期的总要求是天气晴好、日照 8～10 h,土壤湿润的外部环境。结荚期要求温度 20 ℃以上,以日平均气温 25～30 ℃,适量的日照和土壤相对湿度 60%最适宜。若低于 15 ℃,荚果发育停止,饱果率低。土壤相对湿度<40%,则子房干缩,如>75%,水分过多时,成熟推迟,秕果增多,田间长期积水会烂荚发芽,减产,所以特别要做好排灌。成熟期要求气温 18～25 ℃,土壤湿度 20％～25％,天气晴朗。

（2）芝麻

芝麻播种要求日平均气温稳定通过 18 ℃,以 20～25 ℃为宜,土壤湿度为17％～21％,发芽较整齐。营养生长期气温以 20～25 ℃为宜,土壤相对湿度为 65％～85％,需水量占全生育期 60％为宜。开花结蒴期要求气温 25～30 ℃,日照充足和占全生育期 20％的需水量。就中熟种而论,芝麻一生约需日照 700 h,10 ℃以上积温2300 ℃·d,降水量300～500 mm。苗期气温低于 5 ℃,伴多雨,幼苗黄瘦烂根;花蕾期多雨,落蕾落花;风力 5 级或以上出现倒伏,雨后骤晴、风大,导致根松,植株萎蔫。

（3）西瓜

西瓜喜温暖、湿润,日照充足的气候环境,种子在气温 10～12 ℃时播种,15 ℃以上开始发芽,28～31 ℃发芽最快。低于 15 ℃,高于 40 ℃发芽极少,西瓜种子在气温15 ℃左右和土壤潮湿的环境中一周便会发生烂种。西瓜生长发育的温度范围为18～32 ℃,以 25 ℃左右最为适宜,低于 13 ℃生育受阻,低于 10 ℃停止生长;持续阴雨,茎叶细长,叶薄色淡,徒长发病。开花期气温在 25 ℃左右为宜,但相对湿度低于50％,气温 35 ℃以上授粉不良。果实膨大和成熟期要求气温为 25～30 ℃,且温度日较差要在 8℃以上;阴雨持续,糖分积累少,瓜质差,味道淡;暴晒时间长易使茎叶瓜体灼伤。西瓜要求阳光充足,晴多雨少,特别是果实膨大期间要求每天的日照时间为12 h以上。西瓜的根系吸收力强,较耐旱,不耐雨涝,遇暴雨骤晴,只要田间积水几小时或土壤水分饱和,则根不能呼吸,瓜蔓会很快萎蔫,青枯死亡;且土壤潮湿时间长还易诱发枯萎病和烂根。但因西瓜果实含水在 90％以上,茎粗叶大要求有足够水分,要求土壤相对湿度为 60％～75％;开花授粉期空气相对湿度80％为宜,坐果至成熟期为 60％左右为宜,缺水干燥明显影响产量。

8.6.3　蔬菜

耐寒的宿根菜:黄花、芦笋、茭白地上部分耐高温,地下根耐－10～0 ℃。

耐寒菜:菠菜、大葱、大蒜耐－2～－1 ℃、短时－10～－5 ℃低温;适宜温度为15～20 ℃。

半耐寒菜:萝卜、胡萝卜、芥菜、莴苣耐－2～－1 ℃低温;适宜温度为 17～20 ℃。

喜温菜:黄瓜、番茄、辣椒、茄子在气温＜15 ℃时授粉不佳,适宜温度为20～30 ℃。

耐热菜:南瓜、丝瓜、冬瓜、豇豆、刀豆,适宜温度为 30 ℃,可耐 40 ℃。